INTRODUCTION

A LA

MÉTHODE DES QUATERNIONS.

PARIS. — IMPRIMERIE DE GAUTHIER-VILLARS,

5471   Quai des Augustins, 55.

INTRODUCTION

A LA

MÉTHODE DES QUATERNIONS,

PAR

G.-A. LAISANT,

DÉPUTÉ,

DOCTEUR ÈS SCIENCES, ANCIEN ÉLÈVE DE L'ÉCOLE POLYTECHNIQUE.

PARIS,

GAUTHIER-VILLARS, IMPRIMEUR-LIBRAIRE

DU BUREAU DES LONGITUDES, DE L'ÉCOLE POLYTECHNIQUE,

SUCCESSEUR DE MALLET-BACHELIER,

Quai des Grands-Augustins, 55.

1881

PRÉFACE.

La première idée de ce petit Ouvrage remonte à environ trois années. A la fin de novembre 1877, j'eus l'honneur de soutenir devant la Faculté des Sciences de Paris une Thèse sur les *Applications mécaniques du Calcul des quaternions*. La nature de mon Mémoire ne me permettait pas de présenter une exposition de la méthode elle-même, et, d'ailleurs, je considérais que la *Théorie des quantités complexes* de M. Hoüel contenait un développement suffisant des principes pour mettre le public mathématique à même d'en faire une étude complète.

Cependant on me fit remarquer et je dus reconnaître que le savant et remarquable Traité de M. Hoüel est trop étendu pour être lu par tout le monde (j'entends tous ceux qui s'intéressent aux Sciences mathématiques et qui les cultivent).

Plusieurs amis insistèrent près de moi sur l'utilité qu'il y aurait à publier, sous une forme très élémentaire et très sommaire, un exposé simple des éléments essentiels de la méthode des quaternions.

Je me mis à l'œuvre ; mais je ne pouvais consacrer à mon travail que des instants de loisir arrachés à des occupations nombreuses, multiples et fort étrangères aux Mathématiques. Il n'est donc pas étonnant qu'une œuvre si modeste ait demandé en apparence un temps aussi

long et que j'arrive seulement aujourd'hui à pouvoir
la présenter au public.

Ceux qui connaissent déjà le Calcul des quaternions
ne doivent pas s'attendre ici à rien trouver de nouveau.
Par contre, j'espère que les personnes étrangères à cette
méthode et qui ont simplement une instruction mathématique ordinaire pourront acquérir, par une lecture
un peu attentive de cette *Introduction,* une connaissance
suffisante du calcul en question. Elles seront à même
d'en faire ensuite des applications plus élevées ou
d'aborder les Ouvrages des maîtres, qui leur fourniront
les moyens de s'initier à la méthode des quaternions
d'une manière complète.

J'ai pris comme modèle, sans le suivre cependant pas
à pas, et en y introduisant les modifications qui m'ont
paru justifiées, un Livre analogue publié à Londres en
1873, par MM. KELLAND et TAIT, sous le titre d'*Introduction to quaternions.* J'ai surtout emprunté à cette
œuvre la plus grande partie des exercices traités ou proposés au lecteur.

Peut-être est-il utile de donner ici quelques idées très
générales sur l'esprit et sur le but de la remarquable
méthode d'Hamilton. Cela permettra au lecteur pour
lequel le sujet est absolument nouveau d'en aborder
l'étude avec une précision d'autant plus grande ; et cela
me conduira moi-même à expliquer et à justifier le mode
d'exposition auquel j'ai cru devoir m'arrêter.

La signification des signes + et —, s'appliquant au
sens des longueurs portées sur une ligne droite indéfinie,
est une des créations les plus merveilleuses du génie de
Descartes. C'est la base fondamentale de la Géométrie
analytique. Mais, sans se préoccuper de la question des
axes coordonnés, et en s'en tenant aux relations entre
longueurs portées sur une seule droite, on s'aperçoit

que tous les faits géométriques qui s'accomplissent sur cette droite trouvent ainsi leur traduction dans l'Algèbre des quantités positives et négatives.

On peut donc dire que le calcul de ces quantités, en mettant de côté tout ce qui concerne les imaginaires, c'est le calcul des faits géométriques sur une droite.

Cette première notion devait s'étendre.

Tout le monde sait aujourd'hui combien a été féconde au point de vue des résultats, en même temps que remarquable au point de vue philosophique, l'interprétation géométrique des imaginaires (la dernière à laquelle se soit arrêté Cauchy) ; cette intégration consiste à considérer $x + y\sqrt{-1}$ ou $x + yi$ comme représentant la droite qui part de l'origine pour aboutir au point dont les coordonnées sont x et y.

On commence à connaître aussi, même en France, la méthode si remarquable de Géométrie analytique plane due à M. G. Bellavitis, et qu'on désigne sous le nom de *Théorie des équipollences*.

Le calcul des équipollences, c'est-à-dire le calcul des quantités imaginaires, c'est le calcul des faits géométriques dans un plan.

Et comme les règles à appliquer sont précisément celles de l'Algèbre ordinaire, on voit avec quelle facilité se combinent, se transforment, se soumettent enfin à toutes les opérations les faits géométriques dont il s'agit.

Il était naturel, dès lors, que l'on cherchât, par voie de généralisation, à étendre aux faits géométriques de l'espace d'aussi intéressants résultats. Des tentatives diverses furent faites longtemps dans cet ordre d'idées ; mais il était réservé au génie d'Hamilton de surmonter les grandes difficultés que présentait la question et de créer de toutes pièces une doctrine nouvelle, irréprochable au point de vue philosophique, féconde en ré-

sultats, et à laquelle il a donné le nom de Calcul des
QUATERNIONS.

On peut dire, en résumé, que le Calcul des quaternions,
c'est l'Algèbre des faits géométriques de l'espace.

Le premier élément à considérer, par analogie avec le
plan, c'est la droite limitée qui, partant de l'origine,
aboutit à un point quelconque, et que l'on représentera
par un seul symbole. Comme deux droites, toujours par
analogie, doivent être géométriquement égales (ou équi-
pollentes) lorsqu'elles ont même longueur, même direction et même sens, on peut définir le symbole unique
qui les représentera l'une ou l'autre par l'expression
d'une translation. C'est à ce symbole qu'on donne le
nom de *vecteur,* et les vecteurs sont la base fondamentale, l'élément essentiel et primordial de la méthode
des quaternions.

Si l'on cherche à soumettre les vecteurs à l'addition
ou à la soustraction, ou à les multiplier par des facteurs
réels, l'analogie avec le plan se poursuit absolument, et
les difficultés sont nulles.

Mais, dès qu'on arrive à la notion de multiplication, la
question devient épineuse et délicate; il faut se donner
une définition qui peut sembler plus ou moins arbitraire,
et l'on s'aperçoit très bien qu'on n'est plus là sur le domaine des quantités imaginaires de l'Algèbre ordinaire.
La considération du *rapport géométrique* de deux vecteurs (ou de la *biradiale*) fournit la solution de la
question ; mais, en étudiant les biradiales, en les com-
binant entre elles, on arrive par la force des choses à
reconnaître bien vite qu'il faut des règles nouvelles au
nouveau calcul. Toutes les modifications qui se pro-
duisent dérivent d'un fait unique, dont l'importance est
énorme : c'est que « la multiplication n'est plus commutative en général ». Toutes les autres propriétés de la

multiplication sont conservées, mais non pas celle-là.

L'Algèbre nouvelle qui en résulte présentera donc certaines difficultés spéciales, et l'on peut, si on le juge convenable, en profiter pour faire la critique de la méthode des quaternions et déclarer qu'il y a là un inconvénient fondamental et grave.

Mais cet inconvénient résulte de la nature même des choses. Il représente la traduction exacte, formelle, d'un fait précis ; de telle sorte qu'il serait peut-être plus sage de voir là, tout au contraire, un avantage sérieux, puisque l'Algèbre des faits géométriques de l'espace ne saurait exister sans cela.

Les ressources que présente cette Algèbre, la concision qu'elle permet d'introduire dans les calculs, le caractère intuitif qu'elle donne à certaines solutions, l'étendue et la variété des applications auxquelles elle se prête, nous ne les développerons pas ici. Mais nous ferons remarquer, d'après ce qui précède, tout l'intérêt qu'il y a, dans une première initiation surtout, à ne pas séparer un seul instant les symboles des faits réels dont ils sont la représentation, et à ne pas laisser l'esprit du lecteur perdre de vue ces faits géométriques, qu'il s'agit d'exprimer et de combiner. Autrement, on s'exposerait à donner peut-être un caractère quelque peu répugnant à son exposition, en froissant les habitudes d'esprit les plus ordinaires, comme celle de la commutativité de la multiplication, sans raison visible et bien justifiée.

Je crois, pour mon compte, qu'il faut chercher dans ce procédé d'exposition trop exclusivement analytique l'une des causes principales de la défaveur dans laquelle les quaternions sont restés si longtemps en France, défaveur dont ils commencent à peine à se relever, alors qu'à l'étranger, en Angleterre et en Amérique surtout, on en fait tant d'usage dans toutes les branches des Mathématiques appliquées (¹).

On ne s'étonnera donc pas que nous ayons tenu à appuyer constamment le début de notre exposition sur des considérations géométriques, avec une insistance qui pourrait sembler excessive et presque puérile sans les considérations qui précèdent.

Un mot seulement des notations. Comme dans ma Thèse de 1877, j'ai cru devoir adopter presque exclusivement celles introduites par M. Hoüel, et qui me paraissent offrir des avantages considérables au point de vue de la clarté. Représenter constamment les caractéristiques spéciales par des lettres gothiques et adopter des caractères différents pour chaque nature de symbole ; faire, par exemple, que dans A on reconnaisse toujours un vecteur, dans a ou **a** une quantité algébrique, dans α un angle, dans A un quaternion, dans A un point, c'est, à mon avis, rendre lisibles des calculs qui parfois deviendraient sans cela assez difficiles à suivre. Je regrette vivement de rester en désaccord sur ce point avec M. Tait, le célèbre disciple d'Hamilton, qui trouve que M. Hoüel a altéré l'œuvre du maître. Perfectionner n'est pas détruire.

Sur un point cependant, j'ai renoncé à la notation de M. Hoüel : c'est pour la représentation des fonctions vectorielles linéaires, qu'il désigne par □ ; ce signe a le

---

(¹) Il est juste d'ajouter cependant que, même en France, il paraît y avoir une tendance, depuis quelques années, à revenir de l'oubli injuste dans lequel on a laissé le calcul d'Hamilton. C'est ainsi que l'intéressant Ouvrage de M. TAIT, *An elementary Treatise on quaternions*, qui a eu deux éditions en Angleterre, vient d'être traduit en français par M. PLARR, l'un de nos compatriotes. Cette traduction est actuellement sous presse, et tout permet d'espérer que la publication, confiée aux soins de M. Gauthier-Villars, ne s'en fera pas trop longtemps attendre.

défaut grave de ne pouvoir s'exprimer, et on ne peut le modifier que par des indices. Je suis revenu aux caractéristiques d'Hamilton, Φ, Ψ, ...

Je résumerai maintenant de la façon la plus brève l'exposé de la division adoptée dans cette *Introduction*.

Le Chapitre Ier traite de l'addition et de la soustraction des vecteurs, et de leur multiplication par des quantités réelles. Je le termine par des considérations très simples sur les « points moyens » ou centres de gravité.

Dans le Chapitre II, le plus important pour l'étude de la méthode, je traite de la multiplication et de la division des vecteurs. C'est là que s'introduisent les éléments et les notations indispensables à l'intelligence de la doctrine. On remarquera la démonstration de la propriété associative de la multiplication, que je me suis efforcé de présenter d'une manière logique et aussi simple que possible, et qui est absolument fondamentale.

Immédiatement après, dans le Chapitre III, se trouvent indiquées des applications des notions précédentes à la géométrie de la ligne droite et du plan ; puis, dans le Chapitre IV, à la géométrie du cercle et de la sphère.

Le Chapitre V renferme des notions élémentaires sur la différentiation des quaternions, qui me paraissent utiles pour l'étude des tangentes aux courbes dont on s'occupe dans les Chapitres suivants.

Les Chapitres VI, VII, VIII ont pour objet l'application des quaternions à des questions concernant l'ellipse, l'hyperbole et la parabole, respectivement.

Dans le Chapitre IX, j'ai groupé un certain nombre de formules non encore étudiées dans ce qui précède et dont l'usage est cependant d'une grande utilité dans les applications. Quelques exemples permettent de juger de l'utilité de ces formules.

Le Chapitre X est consacré à l'étude des équations du

premier degré ; il m'a semblé bon de le faire précéder
l'examen des surfaces du second ordre. J'ai surtout in-
sisté sur la méthode si intéressante inventée par Hamilton pour effectuer l'inversion de la fonction φ.

Enfin le Chapitre XI et dernier a pour objet quelques
notions sur la géométrie des surfaces du second ordre.

A la suite de chaque Chapitre se trouvent un certain
nombre d'énoncés, proposés au lecteur comme exercices.

J'aurais désiré donner aussi quelques applications à
la géométrie générale des courbes et des surfaces, à la
Mécanique rationnelle et à certaines questions de Phy-
sique mathématique; mais j'ai dû reconnaître qu'en en-
trant dans cette voie j'aurais excédé les limites que je
m'étais tracées; cette *Introduction* aurait perdu le caractère de simplicité et de brièveté qu'il faut lui conserver
si l'on veut qu'elle soit utile. Force m'a donc été, non
sans regret, de renoncer à donner de plus larges développements aux applications.

Dans les calculs qui se rapportent à l'exposition de
la doctrine, ainsi que dans les raisonnements, je me suis
constamment efforcé de rendre l'enchaînement des idées
aussi clair que possible, à tel point qu'on pourrait peut-
être me reprocher une minutie excessive et une trop
grande insistance sur des choses presque évidentes; mais
on ne saurait trop s'attacher à aplanir les difficultés lorsqu'il s'agit d'une étude nouvelle.

J'ai cru, au contraire, pouvoir me départir de ce système dans quelques-uns des exercices traités. Là, parfois,
les solutions sont seulement indiquées, et le lecteur est
appelé à développer un certain travail personnel en uti-
lisant les notions antérieurement acquises.

On trouvera ci-après une bibliographie des quaternions, bien incomplète et insuffisante sans doute; elle ne
sera pas inutile cependant à ceux qui se sentiraient pous-

sés vers l'étude de ce Calcul et qui désireraient explorer un domaine dans lequel il reste tant à trouver encore.

En terminant, je dois adresser mes remercîments les plus sincères à M. Hoüel, qui m'a encouragé et aidé de ses conseils comme il l'avait fait pour mes précédents travaux; à mon excellent camarade M. Genty, ingénieur des Ponts et Chaussées, qui cultive la méthode des quaternions et m'a confié de nombreuses Notes qui seront, je l'espère, publiées un jour, notes auxquelles j'ai fait plusieurs emprunts; et enfin à mon ami M. Édouard Lucas, qui a bien voulu sacrifier un peu du temps qu'il consacre avec tant de succès à la science des nombres pour me donner son concours dans la tâche ingrate de la correction des épreuves.

Paris, Décembre 1880.

NOTE BIBLIOGRAPHIQUE.

Ouvrages séparés.

1853. W.-R. Hamilton, *Lectures on quaternions*. In-8°. Dublin.

1858. G. Bellavitis, *Calcolo dei quaternioni di W.-R. Hamilton e sua relazione col metodo delle equipollenze*. In-4°. Modena, pei tipi della Regio-Ducal Camera.

1862. Allégret, *Essai sur le Calcul des quaternions* (Thèse). In-4°. Paris, Gauthier-Villars.

1866. W.-R. Hamilton, *Elements of quaternions*. In-8°. London, Longmans, Green and C°.

1867. H. Hankel, *Vorlesungen über die complexen Zahlen und ihre Functionen*. In-8°. Leipzig, Leopold Voss.

1868. P. Romer, *Principes fondamentaux de la méthode des quaternions* (en langue russe). Kief, typographie universitaire.

1873. Kelland and Tait, *Introduction to quaternions*. Gr. in-12. London. Macmillan and C°.

1873. Tait, *An Elementary Treatise on quaternions*. Second edition, in-8°. Oxford, Clarendon Press.

1874. J. Hoüel, *Théorie élémentaire des quantités complexes*. Gr. in-8°. Paris, Gauthier-Villars.

   La IVe Partie, qui se rapporte exclusivement aux quaternions, a été publiée, en outre, en un Volume à part.

1876. Unverzagt, *Theorie der goniometrischen und der longimetrischen Quaternionen, zugleich als Einführung in die Rechnung mit Punkten und Vektoren*. Wiesbaden, Kreidel's Verlag.

1877. C.-A. Laisant, *Applications mécaniques du calcul des quaternions* (Thèse). In-4°. Paris, Gauthier-Villars.

1879. J. Odstrčil, *Kurze Anleitung zum Rechnen mit den (Hamilton'schen) Quaternionen*. In-8°. Halle, Verlag von Louis Nebert.

1879. Wood (de Volson), *The elements of coordinate Geometry in three parts: I. Cartesian Geometry. — II. Quaternions. — III. Modern Geometry and an Appendix*. In-8°. New-York, J. Wiley.

Scheffler, *Die polydimensionalen Grössen*. Brunswic.

L. — *Quaternions*.   *b*

Mémoires ou articles divers.

G. BELLAVITIS, *Sul calcolo dei quaternioni*. Undecima Rivista di Giornali, 1871, p. 204.

Sul calcolo dei quaternioni ossia teoria dei rapporti geometrici nello spazio. Duodecima Rivista di Giornali, 1873. p. 69.

Sur la Thèse de M. Laisant, relative au calcul des quaternions. Quattordicesima Rivista di Giornali, 1878, p. 116.

A.-B. CHACE, *A certain class of cubic surfaces treated by quaternions.* American Journal of Mathematics, 1879, t. II, p. 315.

CLIFFORD, *Applications of Grassmann's extension Algebra.* American Journal of Mathematics, 1878, t. I, p. 350.

DILLNER, *Mathematische Annalen*, t. XI, p. 168.

GRASSMANN, *Mathematische Annalen*, t. XII. p. 375.

W.-R. HAMILTON, *On quaternions.* Philosophical Magazine, 1844, t. XXV, p. 10-13, 241-246, 489-495; 1845, t. XXVI, p. 220-224; 1846, t. XXIX, p. 26-31, 113-122, 326-328; 1847, t. XXX, p. 458-461; 1847, t. XXXI, p. 214-219, 278-293, 511-519; 1848, t. XXXII, p. 367-374; 1848, t. XXXIII, p. 58-60; 1849, t. XXXIV, p. 294-297, 340-343, 425-439, et t. XXXV, p. 137, 200-204: 1850, t. XXXVI, p. 305-306. Brit. Association Rep., 1844, p. 2. Cambridge and Dublin Math. Journ., 1849, t. IV, p. 161-168. Irish Academy Transactions, 1848, t. XXI, p. 199-296. Nouv. Ann. Math., 1853, t. XII, p. 275-283.

On the application of the Calculus of quaternions to the theory of the Moon. Irish Academy Proceedings, 1847, t. III, p. 507-520.

On theorems relating to surfaces obtained by the method of quaternions. Irish Acad. Proc., 1850, t. IV, p. 306-308.

On a theorem respecting ellipsoids obtained by the method of quaternions. Irish Acad. Proc., 1850, t. IV, p. 349-355.

On continued fractions in quaternions. Philos. Mag., 1852, t. III, p. 371-373; 1852, t. IV, p. 303; 1853, t. IV, p. 117-118, 236-238, 321-326.

On the connection of quaternions with continued fractions and quadratic equations. Irish Acad. Proc., 1853, t. V, p. 219-221, 299-301.

On the geometrical interpretation of some results obtained by calculation with biquaternions. Irish Acad. Proc., 1853, t. V, p. 388-400.

On the geometrical demonstration of some theorems by means of the quaternion Analysis. Irish Acad. Proc., 1853, t. V, p. 407-422.

On some extensions of quaternions. Irish Acad. Proc., 1853-54, t. VI, p. 114-115. Phil. Mag., 1854, t. VII, p. 492-499; 1854, t. VIII, p. 125-137, 261-269; 1855, t. IX, p. 46-51, 280-290.

On some quaternion equations connected with Fresnel's wave surface for biaxal crystals. Irish Acad. Proc., 1858, t. VII, p. 122-124, 163-164. British Assoc. Rep., 1859, p. 248. Nat. Hist. Rewiew, 1859, t. VI, p. 240-242, 365.

Quaternion proof that eight perimeters of the regular inscribed polygon of twenty sides exceed twenty-five diameters of the circle. Phil. Mag., 1862, t. XXIII, p. 267-269.

On the existence of a symbolic and biquadratic equation which is satisfied by the symbol of linear or distributive operation on a quaternion. Phil. Mag., 1862, t. XXIV, p. 127-128. Irish Acad. Proc., 1864, t. VIII, p. 190-191.

On a new and general method of inverting a linear and quaternion function of a quaternion. Irish Acad. Proc., 1864, t. VIII, p. 182-183.

C.-A. Laisant, *Note sur un théorème sur les mouvements relatifs.* Comptes rendus des séances de l'Académie des Sciences, 1878, t. LXXXVII, p. 204-206.

A.-L. Lowell, *Surfaces of the second order as treated by quaternions.* Proc. of the american Acad. Cambridge, 1878.

W.-J. Stringham, *The quaternions formulæ for quantification of curves, surfaces and for barycentres.* American Journ. of Math., 1879, t. II, p. 205-211.

Studnička, *Casopis* (Journal bohémien), t. V.

Recueils de la Société royale de Prague, 1875, p. 183.

Tait, *Quaternion investigations connected with Fresnel's wave surface.* Quarterly Journ. Math., 1860, t. III, p. 269-270.

Quaternion investigation of the potential of a closed circuit. Quart. Journ. Math., 1861, t. IV, p. 143-144.

Quaternions. Messenger of Math., 1862, p. 78-91, 140-156, 203-220.

Note on a quaternion transformation. Edinburgh Roy. Soc. Proc., 1863, t. V, p. 115-119.

Elementary physical applications of quaternions. Quart. Journ. Math., 1864, t. VI, p. 279-301.

On the application of Hamilton's characteristic function to special cases of constraint. Edinburgh Roy. Soc. Proc., 1866, t. V, p. 407. Edinb. Roy. Soc. Trans., 1867, t. XXIV, p. 147-166.

On some quaternion integrals. Edinb. Roy. Soc. Proc., 1872, t. VII, p. 318-320, 784-788.

On some quaternion transformations. Edinb. Roy. Soc. Proc., 1872, t. VII, p. 501-503.

Versluys, *Nieuw Archief*, t. II, p. 135.

ERRATA.

Page 4, *ajouter, après le n° 5 :* L'égalité de direction, ou le parallélisme, de deux vecteurs A et A' s'exprime par la notation $A \parallel A'$.

Page 21, ligne 2, *au lieu de* H, *lisez* CH.

Page 43, ligne 7, *au lieu de* OAB, *lisez* AOB.

Page 50, formule (5), *au lieu de* $cj\,\frac{A}{B}$, *lisez* $cj\,\frac{A}{A}$.

Page 56, ligne 3 en remontant, *au lieu de* $a^{\frac{1}{\alpha}}$, *lisez* $a^{\frac{1}{\alpha}}$.

Page 58, ligne 4 en remontant, *au lieu de* $\frac{1}{B}A$, *lisez* $\frac{1}{B}A$.

Page 64, ligne 2 en remontant, *au lieu de* CA, *lisez* CD.

Page 91, ligne 5, *au lieu de* la corde, *lisez* le cercle.

Page 91, ligne 9, *après* « l'équation », *ajoutez* « d'une droite ou ».

Page 95, ligne 13, *au lieu de* (72), *lisez* (73).

Page 96, ligne 5 en remontant. *au lieu de* le point F, *lisez* le point d'intersection F.

Page 114, ligne 3, *au lieu de* P, *lisez* P.

Page 125, ligne 7 en remontant, *au lieu de* du point y, *lisez* du point Y.

Page 130, ligne 4, *au lieu de* pôle, *lisez* centre.

Page 175, ligne 9 en remontant, *au lieu de* S_{ABc}, *lisez* S_{ABC}.

Page 197, ligne 2, *au lieu de* $V\left(A V_{ACB.B}\right.$, *lisez* $V\left(A V_{ACB.B}\right)$.

Page 197, ligne 3 en remontant, *au lieu de* plu, *lisez* plus.

Page 198, ligne 8, *au lieu de* tant, *lisez* c étant.

Page 208, formule (5), *au lieu de* $S \times \Phi_A = 1$, *lisez* $S \times \Phi_A = 0$.

TABLE DES MATIÈRES.

CHAPITRE PREMIER. — Addition et soustraction des vecteurs.

CHAPITRE II. — Multiplication et division des vecteurs.

CHAPITRE VI. — L'ellipse.

CHAPITRE VII. — L'hyperbole.

CHAPITRE VIII. — La parabole.

CHAPITRE IX. — Formules.

INTRODUCTION

À LA

MÉTHODE DES QUATERNIONS.

CHAPITRE PREMIER.

ADDITION ET SOUSTRACTION DES VECTEURS.

Vecteurs. — Définitions. — Notations.

1. Un *vecteur* est l'expression d'une translation rectiligne. Lorsqu'une figure subit un tel mouvement de translation, tous ses points décrivent des lignes droites égales en longueur, parallèles et dirigées dans le même sens. Un point quelconque A, par exemple, ayant atteint la position B, la droite AB définira complètement la translation, et, par ce symbole AB, nous représenterons le vecteur dont il s'agit. Nous appellerons A l'*origine* du vecteur et B son *extrémité*.

Pour plus de concision dans les calculs et les formules, nous emploierons fréquemment une seule lettre pour désigner un vecteur, et alors ce sera invariablement une petite capitale, A par exemple.

Si la figure, après avoir été soumise à la translation dont nous venons de parler, vient à se mouvoir encore dans la même direction, dans le même sens et d'une même longueur, il est permis de dire que cette nouvelle translation est *égale* à la première; le point B arrivant de la sorte en C, la droite BC sera le prolongement de

AB, d'une longueur égale à celle de cette première droite, et nous dirons que le *vecteur* BC est *égal* au *vecteur* AB.

La définition qui précède nous conduit tout naturellement à représenter par le même symbole deux droites quelconques de l'espace ayant même longueur, même direction et même sens, et à dire que ces deux droites sont des *vecteurs égaux*. L'expression d'égalité, de même que le signe = employé pour la représenter, prend ainsi un caractère plus général qu'en Algèbre ordinaire.

2. Si l'on choisit un point arbitraire de l'espace pour origine fixe, les divers vecteurs qui se présenteront dans une question quelconque pourront être ramenés à avoir tous leur origine en ce point fixe O ; et, OA étant parallèle à CD, par exemple, de même sens et de même longueur, nous écrirons

$$(1) \qquad\qquad CD = OA = \textsc{a}.$$

Généralement, lorsqu'un vecteur aura ainsi une origine fixe, nous le désignerons par *la même lettre* qui représente son extrémité, écrite en petite capitale.

3. Le nombre qui mesure la *longueur* d'un vecteur, rapportée à une certaine unité, est désigné par *grandeur*, *module* ou *tenseur* de ce vecteur (¹).

(¹) L'expression toute naturelle de *grandeur* est celle employée par M. Bellavitis dans sa théorie des équipollences ; la dénomination de *module* correspond à celle qui est couramment employée dans la théorie des quantités complexes, et, quant au terme de *tenseur,* dont nous ferons moins souvent usage, il y avait lieu de le mentionner, parce qu'il a été introduit par Hamilton et parce qu'on y trouve la justification de la caractéristique $\mathfrak{T}$, qui sans cela paraîtrait peut-être peu rationnelle.

Cette grandeur se désignera soit par la caractéristique gr, soit par la caractéristique $\mathfrak{C}$, soit enfin par la même lettre qui représente le vecteur, écrite en caractère romain. Ainsi l'équation (1) ci-dessus entraîne pour conséquence

$$\mathrm{gr\,CD} = \mathrm{gr\,OA} = \mathfrak{C}\,\mathrm{OA} = \mathfrak{C}_A = \mathrm{a}.$$

Vecteurs de sens contraires.

4. Il est évident que le vecteur AB et le vecteur BA sont essentiellement différents, dans la théorie qui nous occupe; mais, si la figure qui a subi d'abord la translation AB subit ensuite la translation BA, elle revient à sa position première, comme si elle avait gardé le repos. Il est donc naturel de regarder comme nulle la *somme* algébrique des deux vecteurs AB et BA ; par conséquent, si le premier est désigné par $+$ c, le second devra l'être par $-$ c. Les signes $+$ et $-$ exprimeront ici, comme en Algèbre ordinaire et en Géométrie, les deux *sens* différents selon lesquels on peut suivre une même direction, mais ils ne présentent pas de signification absolue.

Addition et soustraction de vecteurs parallèles. — Multiplication par des quantités algébriques. — Vecteurs unitaires.

5. Tant que nous considérerons des vecteurs de même direction, il est évident, d'après ce qui précède, que l'addition et la soustraction s'opéreront d'après les règles de l'Algèbre ordinaire. Ainsi, dans l'exemple du n° 1, le vecteur AC sera égal à AB $+$ BC ou 2 AB. Si nous posons AB $=$ a, AC $=$ 2 a. De cette première notion on passe immédiatement à la multiplication par un nombre entier quelconque, puis par un nombre fractionnaire et enfin par un nombre incommensurable, ce nombre pouvant être soit positif, soit négatif, en vertu de la convention du numéro précédent.

Le symbole A peut jusqu'ici se traiter comme une quantité algébrique ordinaire, et nous pouvons énoncer les propositions suivantes :

Deux vecteurs parallèles ont entre eux le même rapport que les nombres qui mesurent leurs longueurs, ce nombre étant positif ou négatif, selon que les vecteurs considérés sont de même sens ou de sens contraires.

Tous les vecteurs parallèles à une même direction peuvent se représenter par des produits de nombres algébriques réels par un même vecteur.

Réciproquement, plusieurs vecteurs représentés par $m_1 A$, $m_2 A$, $m_3 A$, ... sont parallèles.

Le symbole A ne pouvant s'appliquer qu'à une seule direction, il en résulte que tout vecteur ayant une direction différente ne saurait être représenté par le symbole pA, p étant un nombre algébrique, et il faudra recourir alors à un autre symbole, tel que B.

6. On voit, sans qu'il soit utile d'y insister davantage, que toutes les règles de l'Algèbre ordinaire s'appliquent rigoureusement aux *additions* et *soustractions de vecteurs ayant une direction unique,* et aux *multiplications* de ces vecteurs *par des nombres algébriques réels.*

7. Si, dans la direction du vecteur A et dans le même sens, on choisit un vecteur ayant une longueur égale à l'unité, ce dernier sera dit *vecteur unitaire,* et nous le représenterons par la notation $\mathfrak{U}$A. D'après cela, et en

vertu des n°s 3 et 5, nous pourrons donc écrire

$$(2) \qquad \mathrm{A} = \mathfrak{C}_{\mathrm{A}}.\mathfrak{U}_{\mathrm{A}} = a.\mathfrak{U}_{\mathrm{A}},$$

le module étant essentiellement positif.

Addition et soustraction de vecteurs quelconques.

8. Soient AB et BC deux vecteurs de directions différentes. Nous dirons *par définition* que l'*addition* de ces
deux vecteurs donne pour *somme* le vecteur AC, qui
représente évidemment à lui seul la même translation
que celle résultant des deux translations successives
AB, BC.

Pour appliquer cette définition à deux vecteurs quelconques, on transportera le second à la suite du premier,
de telle sorte que l'origine de l'un coïncide avec l'extrémité de l'autre. Si AB $=$ A, LM $=$ B, par exemple (*fig.* 1),
doivent être ajoutés, nous construirons BC $=$ LM $=$ B,
et AC $=$ A $+$ B $=$ C sera le résultat de l'addition. En
effectuant cette addition dans un ordre inverse, nous
aurions pu construire AD $=$ LM $=$ B, puis DC $=$ AB $=$ A,
et la somme eût encore été AC $=$ C, car la figure ABCD
est un parallélogramme. Par conséquent, l'addition des
vecteurs, comme l'addition algébrique ordinaire, jouit
de cette propriété importante, représentée par la relation

$$(3) \qquad \mathrm{A} + \mathrm{B} = \mathrm{B} + \mathrm{A}.$$

On conclut immédiatement de là que, dans une somme
de plusieurs vecteurs, on peut intervertir comme on
l'entend les vecteurs sans altérer le résultat.

Remarque. — Il est bien évident que, dans l'addition
de deux ou plusieurs vecteurs, la longueur de la somme

n'est pas du tout égale, en général, à la somme des longueurs des vecteurs ajoutés.

9. Soit que l'on définisse la soustraction comme en Arithmétique, par l'opération inverse de l'addition, soit que l'on emploie la notion des vecteurs de signes con

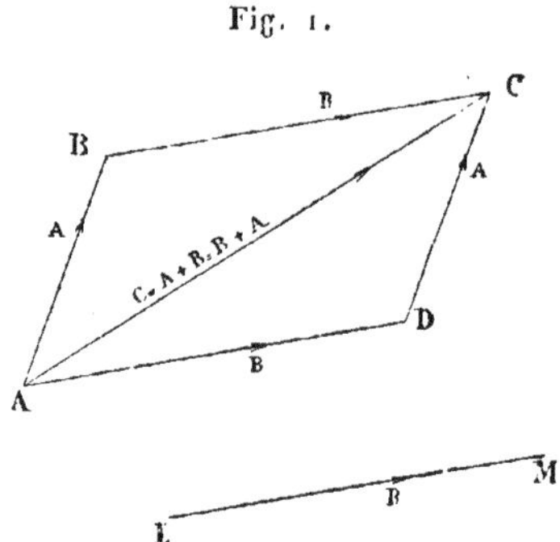

Fig. 1.

traires (4), la différence des deux vecteurs $AC = c$, $AB = a$ (*fig.* 1) sera donnée par $BC = b$, c'est-à-dire qu'on aura

$$AC - AB = AC + BA = BA + AC = BC.$$

Il n'y a donc pas à considérer la soustraction comme une opération particulière; elle se ramène immédiatement à l'addition, exactement comme en Algèbre ordinaire.

Remarques. — I. X étant un point quelconque, on peut toujours écrire le vecteur AB sous la forme XB—XA, ou encore AX—BX.

II. La différence AB — CD est identique à

$$AC - BD = DB - CA,$$

car on a, d'après ce qui précède,

$$AB = XB - XA,$$
$$CD = XD - XC,$$
$$AB - CD = (XC - XA) - (XD - XB) = AC - BD.$$

10. L'addition de deux vecteurs finis de directions différentes ne saurait évidemment donner un résultat nul, comme le montre la seule inspection de la *fig.* 1. De là cette conséquence très importante et d'un usage continuel dans les applications :

A *et* B *étant deux vecteurs finis de directions différentes, si l'on a la relation* $mA + nB = 0$, m *et* n *étant des nombres réels, il s'ensuit nécessairement* $m = 0$, $n = 0$.

COROLLAIRE. — Dans la même hypothèse, m, n, p, q étant des nombres réels, si l'on a $mA + nB = pA + qB$, il s'ensuit nécessairement $m = p$, $n = q$.

EXERCICES.

1. *Les diagonales d'un parallélogramme se coupent mutuellement en parties égales.*

Fig. 2.

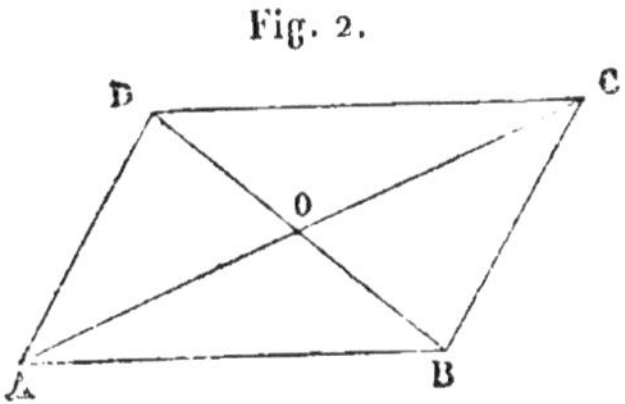

Soit O (*fig.* 2) le point de rencontre des diagonales du parallélogramme ABCD. On a (5)

$$AO = x.AC, \quad BO = y.BD.$$

Or

$$AO = AB + BO;$$

on peut donc écrire

$$x \cdot AC = AB + y \cdot BD,$$

c'est-à-dire

$$x(AB + BC) = AB + y(BC - AB),$$

puisque $AB = DC$.

De là

$$(x + y - 1) AB + (x - y) BC = 0,$$

et par conséquent (10)

$$x + y - 1 = 0, \quad x - y = 0,$$

ce qui donne

$$x = y = \tfrac{1}{2}.$$

Ainsi

$$AO = \tfrac{1}{2} AC, \quad BO = \tfrac{1}{2} BD.$$

2. *Les médianes d'un triangle se rencontrent en un même*

Fig. 3.

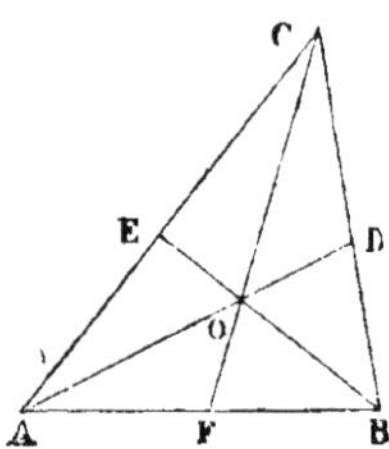

point qui divise chacune d'elles au tiers de sa longueur.

Posons (*fig.* 3) $AB = B$, $AC = C$. Alors

$$BC = C - B, \quad AE = \frac{C}{2}, \quad AF = \frac{B}{2}, \quad BD = \frac{C - B}{2}.$$

Si nous considérons le point O, intersection des médianes AD et **BE**, nous avons

$$AO = x \cdot AD = x\left(B + \frac{C - B}{2}\right) = \frac{x}{2}(B + C),$$

$$BO = y \cdot BE = y\left(\frac{C}{2} - B\right).$$

Donc

$$\frac{x}{2}(B + C) = B + y\left(\frac{C}{2} - B\right)$$

ou

$$\left(\frac{x}{2} + y - 1\right)B + \frac{x - y}{2}C = 0.$$

De là

$$\frac{x}{2} + y - 1 = 0, \quad x - y = 0,$$

ce qui donne

$$x = y = \tfrac{2}{3}.$$

Par suite,

$$AO = \tfrac{2}{3}AD.$$

En cherchant l'intersection de AD avec CF, on aurait trouvé évidemment le même point.

Remarques. — I. Le milieu D de la droite qui joint les deux points B et C, déterminés par les vecteurs B et C, est déterminé lui-même par le vecteur $\frac{B + C}{2}$.

II. Si l'on détermine les points A, B, C par trois vecteurs A, B, C issus d'une origine quelconque, le point O (qui est, comme l'on sait, le centre de gravité du triangle) se trouve déterminé par

$$A + \frac{2}{3}\frac{AB + AC}{2} = A + \frac{1}{3}(B - A + C - A) = \frac{A + B + C}{3}.$$

3. *On prolonge* (*fig.* 4) *les côtés* **AB**, **BC**, **CA** *d'un triangle* *de longueurs* BF, CD, AE *égales respectivement aux moitiés de ces côtés : trouver les intersections* G, H, K *des droites* AD, BE, CF.

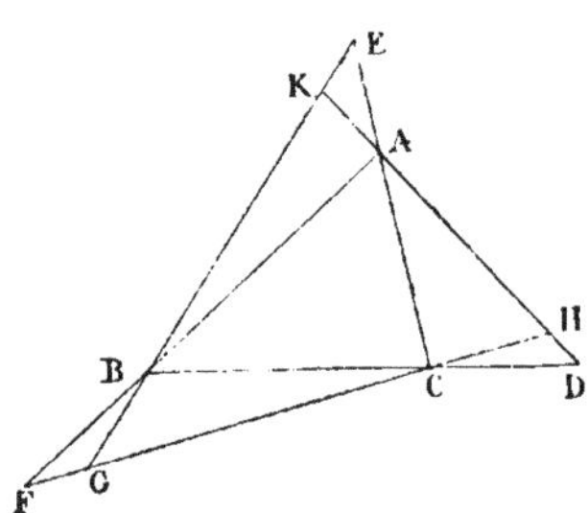

Fig. 4.

Posons

$$BC = 2A, \quad CA = 2B;$$

nous avons alors

$$BD = 3A, \quad CE = 3B.$$

Or

$$BK = x \cdot BE = x(2A + 3B),$$

et, d'autre part,

$$BK = BD + y \cdot DA = 3A + y(2B - A).$$

Égalant ces deux valeurs,

$$2xA + 3xB = (3 - y)A + 2yB,$$

c'est-à-dire

$$2x = 3 - y, \quad 3x = 2y,$$

d'où

$$x = \tfrac{6}{7}, \quad y = \tfrac{9}{7}.$$

Ainsi

$$BK = \tfrac{6}{7}BE \quad \text{ou} \quad EK = \tfrac{1}{7}EB.$$

On aurait de même

$$FG = \tfrac{1}{7}FC, \quad DH = \tfrac{1}{7}DA.$$

De plus,

$$DK = \tfrac{9}{7}DA, \quad AK = \tfrac{2}{7}DA.$$

et, de même,

$$BG = \tfrac{2}{4}\,EB, \quad CH = \tfrac{2}{4}\,FC.$$

4. Les droites joignant les milieux des côtés opposés d'un quadrilatère (plan ou gauche) se coupent par parties égales en un point qui se trouve situé au milieu de la droite joignant les milieux des diagonales.

Soit ABCD (*fig. 5*) un quadrilatère; appelons respectivement E, F, G, H, K, L les milieux des droites AB, BC, CD, DA,

Fig. 5.

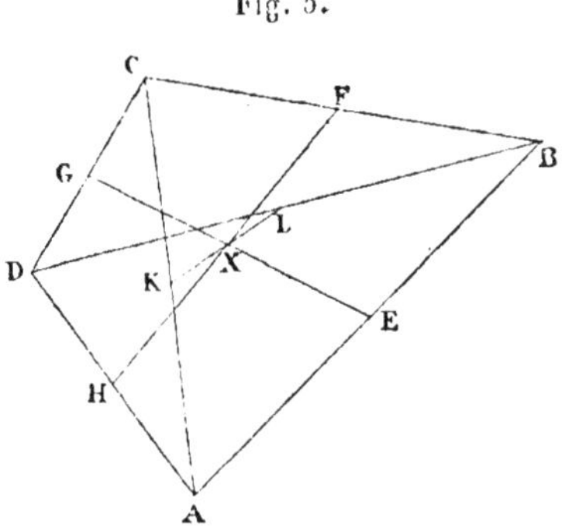

AC, BD. Rapportons les quatre points A, B, C, D à une origine commune O quelconque, et soient A, B, C, D les vecteurs OA, OB, OC, OD.

Le vecteur du point E sera (Exercice 2, Remarque I) $\dfrac{A + B}{2}$, celui du point G, $\dfrac{C + D}{2}$; par conséquent, celui du milieu de EG

sera $\dfrac{\dfrac{A + B}{2} + \dfrac{C + D}{2}}{2} = \dfrac{A + B + C + D}{4}.$

De même le vecteur de F est $\dfrac{B + C}{2}$, celui de H, $\dfrac{D + A}{2}$, et

celui du milieu de FH, $\dfrac{A + B + C + D}{4}.$

Enfin, K a pour vecteur $\dfrac{A + C}{2}$, et L, $\dfrac{B + D}{2}$. Donc le vecteur du milieu de KL est $\dfrac{A + B + C + D}{4}$.

Ainsi, les milieux de EG, de FH et de KL coïncident en un même point X, ce qui démontre le théorème.

5. *Si par un point quelconque* D (*fig.* 6), *pris à l'intérieur d'un parallélogramme* OBCA, *on mène des parallèles* EF, GH

Fig. 6.

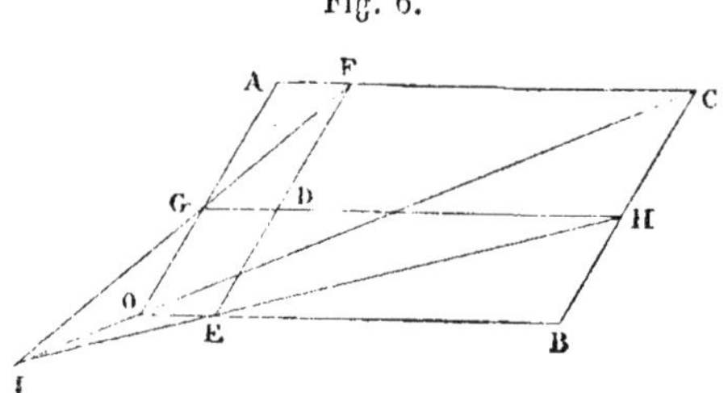

aux deux côtés, les trois diagonales OC, EH, GF *concourent en un même point.*

Soient $\dfrac{OG}{OA} = m$, $\dfrac{OE}{OB} = n$. Posons $OA = A$, $OB = B$.

Si nous cherchons l'intersection I de OC et de GF, il nous suffira d'écrire

$$OG + x \cdot GF = u \cdot OC,$$

c'est-à-dire

$$m\,A + x \left[n\,B + \left(1 - m \right) A \right] = u \left(A + B \right).$$

De là

$$n\,x = u, \quad \left(1 - m \right) x + m = u,$$

ce qui donne immédiatement

$$u = \dfrac{mn}{m + n - 1}.$$

Cette expression étant symétrique en m et n, on trouverait évidemment la même valeur si l'on cherchait l'intersection de OC et de EH. Donc cette intersection n'est autre que le point I déjà trouvé, si bien que les droites OC, GF, EH se rencontrent en un même point.

Remarque. — Le rapport $\dfrac{IO}{IC}$ est égal à $\dfrac{u}{u-1} = \dfrac{mn}{(1-m)(1-n)}$, et par conséquent à celui des aires des deux parallélogrammes OGDE, OACB.

6. *Les milieux des trois diagonales d'un quadrilatère complet sont en ligne droite.*

Soit OACBDE (*fig.* 7) le quadrilatère. Posons $OA = A$, $OB = B$, $OE = mA$, $OD = nB$.

Fig. 7.

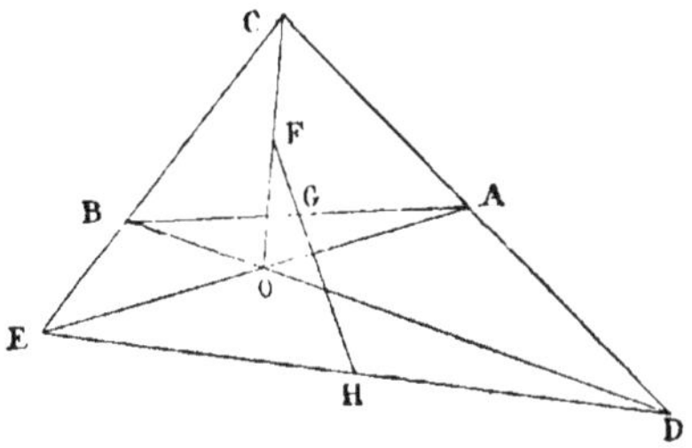

Pour déterminer OC, nous n'avons qu'à écrire

$$OC = OA + x.AD = OB + y.BE,$$

c'est-à-dire

$$A + x(nB - A) = B + y(mA - B),$$

d'où

$$1 - x = my, \quad 1 - y = nx, \quad x = \frac{m-1}{mn-1}, \quad y = \frac{n-1}{mn-1}.$$

Par conséquent,

$$OC = \frac{m(n-1)}{mn-1}A + \frac{n(m-1)}{mn-1}B,$$

et

$$OF = \frac{1}{2(mn-1)}\left[m(n-1)A + n(m-1)B \right],$$
$$OG = \tfrac{1}{2}(A + B),$$
$$OH = \tfrac{1}{2}(mA + nB),$$

ce qui donne

$$FG = \frac{1}{2(mn-1)}\left[(m-1)A + (n-1)B \right],$$
$$GH = \tfrac{1}{2}\left[(m-1)A + (n-1)B \right] = (mn-1)FG.$$

Donc les points F, G, H sont en ligne droite.

Polygones fermés. — Vecteurs coplanaires. — Points en ligne droite. — Points coplanaires.

11. D'après la définition même de l'addition des vecteurs, il est évident que la somme des vecteurs représentés par les côtés successifs d'un polygone fermé quelconque (plan ou gauche) est identiquement nulle.

Il suit de là que, si A, B, C sont trois vecteurs de directions différentes et *coplanaires* (on appelle ainsi ceux qui sont situés dans un même plan, l'origine étant supposée commune), on peut toujours satisfaire à la relation

$$(1) \qquad aA + bB + cC = 0$$

par des valeurs algébriques de a, b, c.

En effet, on peut construire un triangle dont les côtés soient respectivement parallèles à A, B, C, et la somme des trois vecteurs représentés par les côtés de ce triangle sera précisément de la forme $aA + bB + cC$.

Il n'y a qu'une seule manière de satisfaire à la relation (1); en effet, si l'on avait en même temps

$$(2) \qquad a'A + b'B + c'C = 0,$$

l'élimination de c entre les équations (1) et (2) nous donnerait

$$\frac{a}{c}\,\text{A} + \frac{b}{c}\,\text{B} = \frac{a'}{c'}\,\text{A} + \frac{b'}{c'}\,\text{B},$$

d'où

$$\frac{a}{c} = \frac{a'}{c'}, \quad \frac{b}{c} = \frac{b'}{c'},$$

c'est-à-dire

$$\frac{a}{a'} = \frac{b}{b'} = \frac{c}{c'},$$

de telle sorte que les valeurs a', b', c', proportionnelles à a, b, c, ne constituent pas un système nouveau.

Il est évident qu'un vecteur x peut toujours se mettre sous la forme aA $+ b$B, A et B étant deux vecteurs coplanaires avec x.

12. Si A, B, C, vecteurs de directions différentes, ne sont pas coplanaires, il est impossible de satisfaire à la relation (1) par des valeurs de a, b, c différentes de zéro.

Car aA $+ b$B $+ c$C représente évidemment la diagonale d'un parallélépipède construit sur trois droites parallèles à A, B, C, diagonale qui ne peut s'annuler qu'autant que ces droites s'annulent elles-mêmes.

Si donc on obtient une relation de cette forme (1) dans une question quelconque, sachant que les vecteurs A, B, C ne sont pas coplanaires, il s'ensuivra $a = 0$, $b = 0$, $c = 0$.

Si l'on obtient une relation de la même forme, sachant que a, b, c ne sont pas nuls, il s'ensuivra que les trois vecteurs A, B, C sont coplanaires.

Ces conséquences sont importantes au point de vue des applications.

Remarque. — Etant donné un vecteur quelconque $OX = x$, on peut toujours le mettre sous la forme $a\mathbf{A} + b\mathbf{B} + c\mathbf{C}$, pourvu que $\mathbf{A}$, $\mathbf{B}$, $\mathbf{C}$ soient trois vecteurs non coplanaires. Il suffit évidemment pour cela de construire un parallélépipède ayant pour arêtes des droites de mêmes directions que $OA = \mathbf{A}$, $OB = \mathbf{B}$, $OC = \mathbf{C}$, et pour diagonale OX, c'est-à-dire de mener par X trois plans respectivement parallèles à OBC, OCA, OAB.

13. Soient $\mathbf{A}$, $\mathbf{B}$, $\mathbf{C}$ trois vecteurs coplanaires, de même origine O, et cherchons la condition pour que leurs extrémités A, B, C soient en ligne droite.

Il faut qu'on ait

$$AB = x \cdot AC,$$

c'est-à-dire

$$\mathbf{B} - \mathbf{A} = x(\mathbf{C} - \mathbf{A}), \quad (x - 1)\mathbf{A} + \mathbf{B} - x\mathbf{C} = 0.$$

En assimilant cette dernière relation avec l'équation (1), on voit que dans ce cas on a

$$(3) \qquad a + b + c = 0.$$

Réciproquement, si les équations (1), (3) sont simultanément satisfaites, les points A, B, C sont en ligne droite.

Car alors on a aussi

$$a\mathbf{A} + b\mathbf{A} + c\mathbf{A} = 0$$

et, par soustraction de (1),

$$b(\mathbf{B} - \mathbf{A}) + c(\mathbf{C} - \mathbf{A}) = 0,$$

ce qui prouve que AB, AC ont la même direction.

14. Pour que quatre points A, B, C, D soient copla-

naires, il faut et il suffit que les vecteurs AB, AC, AD le soient eux-mêmes. Donc on aura (11) une relation de la forme

$$l.\mathrm{AB} + m.\mathrm{AC} + n.\mathrm{AD} = 0$$

ou, rapportant les quatre points A, B, C, D à une origine commune quelconque O,

$$-(l + m + n)\,\mathrm{A} + l\,\mathrm{B} + m\,\mathrm{C} + n\,\mathrm{D} = 0.$$

Cette équation peut se mettre sous la forme

$$(4) \qquad a\,\mathrm{A} + b\,\mathrm{B} + c\,\mathrm{C} + d\,\mathrm{D} = 0,$$

en y joignant la condition

$$(5) \qquad a + b + c + d = 0.$$

On peut encore écrire, pour exprimer que A est dans le plan BCD,

$$\mathrm{A} = p.\mathrm{B} + q.\mathrm{C} + r.\mathrm{D},$$

p, q, r satisfaisant à la condition

$$p + q + r = 1.$$

EXERCICES.

7. *Si les droites joignant les sommets correspondants de deux triangles concourent en un même point, les points de rencontre des côtés correspondants sont situés sur une même droite.*

Soient (*fig.* 8) ABC, A′B′C′ les deux triangles, O le point de concours de AA′, BB′, CC′, et D, E, F les points de rencontre des côtés correspondants BC, B′C′, ...

Posons OA = A, OA′ = mA, OB = B, OB′ = nB, OC = C, OC′ = pC.

Nous avons

$$OF = OA + z \cdot BA = OA' + z' \cdot B'A',$$

c'est-à-dire

$$F = OF = A + z(A - B) = mA + z'(mA - nB).$$

Fig. 8.

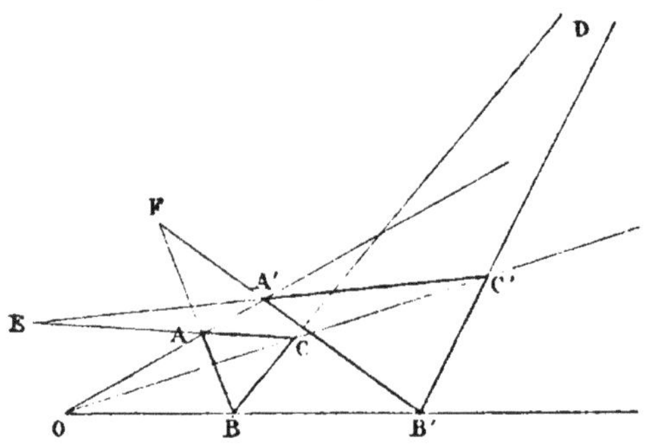

De là

$$1 + z = m(1 + z'), \quad z = nz', \quad z = \frac{(m-1)n}{n-m}$$

et

$$F = \frac{-m(n-1)A + n(m-1)B}{m-n}.$$

De même,

$$D = \frac{-n(p-1)B + p(n-1)C}{n-p},$$

$$E = \frac{-p(m-1)C + m(p-1)A}{p-m}.$$

Si nous posons maintenant

$$f = (m-n)(p-1), \quad d = (n-p)(m-1), \quad e = (p-m)(n-1),$$

il en résulte qu'on aura

$$dD + eE + fF = 0$$

et en même temps

$$d + e + f = 0.$$

Donc (13) les points D, E, F sont en ligne droite.

8. *Si un quadrilatère* $A_1\,B_1\,B_2\,A_2$ *(fig. 9) est coupé par une sécante quelconque* $A_3\,B_3$, *les points de rencontre des dia-*

Fig. 9.

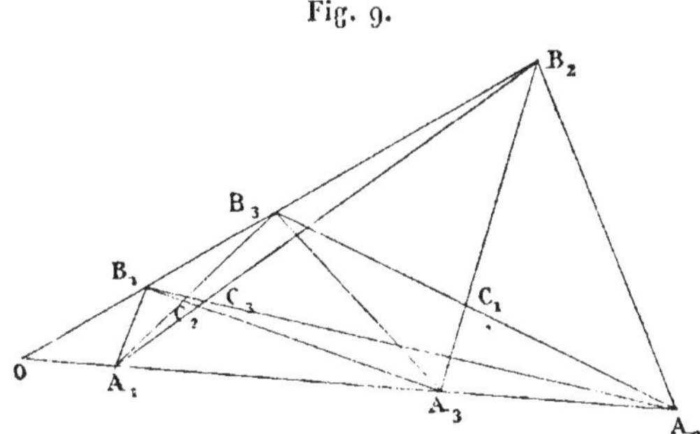

gonales C_3, C_1, C_2 *des trois quadrilatères ainsi formés sont en ligne droite.*

Soient A, B deux vecteurs unitaires suivant $A_1 A_2$, $B_1 B_2$ respectivement, et

$$OA_1 = a_1\text{A}, \quad OA_2 = a_2\text{A}, \quad OA_3 = a_3\text{A},$$

$$OB_1 = b_1\text{B}, \quad OB_2 = b_2\text{B}, \quad OB_3 = b_3\text{B}.$$

Pour trouver C_3, nous écrirons

$$OC_3 = OA_1 + x \cdot A_1 B_2 = OB_1 + y \cdot B_1 A_2,$$

ou

$$c_3 = a_1\text{A} + x(b_2\text{B} - a_1\text{A}) = b_1\text{B} + y(a_2\text{A} - b_1\text{B}).$$

De là

$$a_1(1 - x) = a_2 y, \quad b_1(1 - y) = b_2 x, \quad x = \frac{b_1(a_1 - a_2)}{a_1 b_1 - a_2 b_2}$$

et

$$c_3 = \frac{a_1 a_2(b_1 - b_2)\text{A} + b_1 b_2(a_1 - a_2)\text{B}}{a_1 b_1 - a_2 b_2}.$$

De même,

$$c_1 = \frac{a_2 a_3 (b_2 - b_3)A + b_2 b_3 (a_2 - a_3)B}{a_2 b_2 - a_3 b_3},$$

$$c_2 = \frac{a_3 a_1 (b_3 - b_1)A + b_3 b_1 (a_3 - a_1)B}{a_3 b_3 - a_1 b_1}.$$

Posant $u_3 = a_3 b_3 (a_1 b_1 - a_2 b_2)$, $u_1 = a_1 b_1 (a_2 b_2 - a_3 b_3)$, $u_2 = a_2 b_2 (a_3 b_3 - a_1 b_1)$, on voit qu'on a à la fois

$$u_1 c_1 + u_2 c_2 + u_3 c_3 = 0,$$

$$u_1 + u_2 + u_3 = 0,$$

ce qui démontre la propriété énoncée.

9. *Le point d'intersection des médianes d'un triangle, le point d'intersection des hauteurs et le centre du cercle circonscrit sont sur une même droite, que le premier de ces points divise dans le rapport de 1 à 3.*

Soient G, H, K (*fig.* 10) ces trois points respectifs. Posons

Fig. 10.

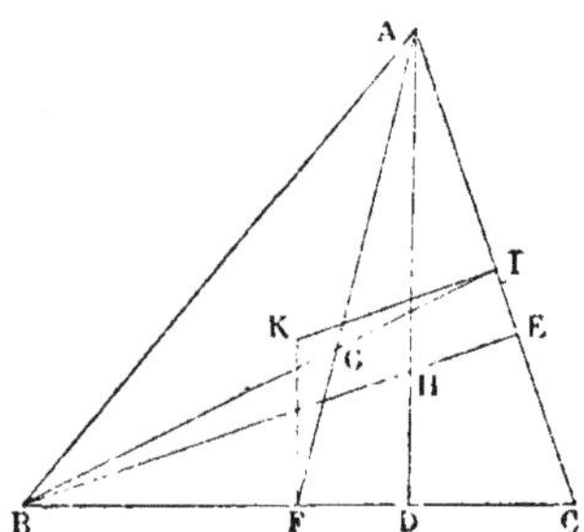

$CB = a\,A$, $CA = b\,B$. Alors (Exercice 2)

$$(1) \qquad CG = \tfrac{1}{3}(a\,A + b\,B).$$

De plus,

$$AD = b(\cos C . A - B),$$

$$BE = a(\cos C . B - A),$$

et, pour déterminer II, nous écrirons

$$\mathrm{H} = b\,\textsc{b} + y\,b\,(\cos\mathrm{C}.\,\textsc{a} - \textsc{b}) = a\,\textsc{a} + x\,a\,(\cos\mathrm{C}.\,\textsc{b} - \textsc{a}),$$

d'où

$$b(1 - y) = x\,a\cos\mathrm{C}, \quad a(1 - x) = y\,b\cos\mathrm{C}, \quad x\,a = \frac{a - b\cos\mathrm{C}}{\sin^2\mathrm{C}},$$

$$(2) \qquad \mathrm{CH} = \frac{\cos\mathrm{C}}{\sin^2\mathrm{C}}\left[(b - a\cos\mathrm{C})\textsc{a} + (a - b\cos\mathrm{C})\textsc{b}\right].$$

Enfin, en écrivant

$$\mathrm{CK} = \mathrm{CF} + u.\mathrm{AD} = \mathrm{CI} + v.\mathrm{BE},$$

on trouverait, sans plus de peine,

$$(3) \qquad \mathrm{CK} = \frac{1}{2\sin^2\mathrm{C}}\left[(a - b\cos\mathrm{C})\textsc{a} + (b - a\cos\mathrm{C})\textsc{b}\right].$$

Des relations (1), (2), (3) on déduit

$$2\,\mathrm{CK} + \mathrm{CH} - 3\,\mathrm{CG} = 0,$$

ce qui montre que les trois points sont en ligne droite, puisque $2 + 1 - 3 = 0$.

De plus, cette relation pouvant s'écrire

$$2(\mathrm{CK} - \mathrm{CG}) + \mathrm{CH} - \mathrm{CG} = 0$$

ou

$$2\,\mathrm{GK} + \mathrm{GII} = 0, \quad 2\,\mathrm{KG} = \mathrm{GH},$$

on voit que le point G est situé au tiers de la droite KII.

Vecteurs moyens. — Points moyens.

15. Nous avons déjà remarqué (Exercice **2**) que le vecteur du milieu de la droite AB est $\dfrac{\textsc{a} + \textsc{b}}{2}$ si $\textsc{a}$ et $\textsc{b}$ sont les vecteurs de A et B respectivement, et que, $\textsc{a}$, $\textsc{b}$, $\textsc{c}$

étant les vecteurs de A, B, C, le vecteur du point de rencontre des médianes du triangle ABC est $\dfrac{A + B + C}{3}$.

De même (Exercice 4), le milieu de la droite qui joint les milieux des diagonales du quadrilatère ABCD a pour vecteur $\dfrac{A + B + C + D}{4}$.

Généralisant cette notion, nous pouvons considérer n vecteurs

$$OA_1 = A_1, \quad OA_2 = A_2, \quad \ldots, \quad OA_n = A_n$$

et chercher à interpréter la *moyenne* de ces vecteurs ou le *vecteur moyen*

$$OG = G = \frac{A_1 + A_2 + \ldots + A_n}{n}.$$

Il est presque évident, et nous ne nous arrêterons pas à le démontrer, que le point G obtenu de cette manière est le *centre des moyennes distances* de $A_1, A_2, \ldots, A_n$, ou, plus simplement, le *point moyen* de ce système de points.

Ce point équivaut, comme l'on sait, au centre de gravité d'un système de poids égaux, placés en A_1, $A_2, \ldots, A_n$.

16. Une conséquence presque immédiate, c'est que *la somme de tous les vecteurs issus du point moyen et aboutissant aux points du système est nulle.*

Car la relation ci-dessus peut s'écrire

$$\left(A_1 - G \right) + \left(A_2 - G \right) + \ldots + \left(A_n - G \right) = 0,$$

c'est-à-dire

$$GA_1 + GA_2 + \ldots + GA_n = 0.$$

17. Soient trois systèmes de points, le premier formé des points ayant pour vecteurs A_1, A_2. ..., A_n, le second de B_1, B_2, ..., B_p, et le troisième de la réunion des deux premiers. Si G, H, K sont les vecteurs des points moyens respectifs de ces trois systèmes, nous aurons

$$G = \frac{A_1 + A_2 + \ldots + A_n}{n}, \qquad H = \frac{B_1 + B_2 + \ldots + B_p}{p},$$

$$K = \frac{A_1 + A_2 + \ldots + A_n + B_1 + B_2 + \ldots + B_p}{n + p} = \frac{nG + pH}{n + p}.$$

Donc (13) le point K est sur la droite HG.

18. Si plusieurs poids différents p_1, p_2, ..., p_n sont placés aux points A_1, A_2, ..., A_n, il est facile de voir, en considérant d'abord deux points, puis trois, et ainsi de suite de proche en proche, que leur centre de gravité G aura pour vecteur

$$G = \frac{p_1 A_1 + p_2 A_2 + \ldots + p_n A_n}{p_1 + p_2 + \ldots + p_n}.$$

Il est évident par là que les conditions établies aux n°s 13 et 14 pour que trois points soient en ligne droite ou pour que quatre points soient dans un même plan reviennent à exprimer :

Que l'un quelconque des trois points est le centre de gravité de deux poids quelconques placés aux deux autres points ;

Ou que l'un quelconque des quatre points est le centre de gravité de trois poids quelconques placés aux trois autres points.

EXERCICES.

10. *On joint les sommets d'un tétraèdre aux points de ren-contre des médianes des faces opposées : ces quatre droites se coupent en un même point, qui divise chacune d'elles au quart.*

Soient A, B, C, D les vecteurs des quatre sommets, A_1, B_1, C_1, D_1 ceux des points de rencontre des médianes des faces. On aura

$$A_1 = \frac{B+C+D}{3}, \quad B_1 = \frac{C+D+A}{3}, \quad C_1 = \frac{D+A+B}{3}, \quad D_1 = \frac{A+B+C}{3},$$

et le centre de gravité des quatre sommets aura pour vecteur

$$G = \frac{A+B+C+D}{4} = \frac{A+3A_1}{4} = \frac{B+3B_1}{4} = \frac{C+3C_1}{4} = \frac{D+3D_1}{4}$$

$$= \frac{\frac{A+B}{2} + \frac{C+D}{2}}{2} = \frac{\frac{A+C}{2} + \frac{B+D}{2}}{2} = \frac{\frac{A+D}{2} + \frac{B+C}{2}}{2},$$

ce qui démontre l'énoncé du théorème et fait voir en même temps que le point **G** est le milieu de la droite qui joint les milieux de deux arêtes opposées quelconques.

On a aussi

$$G = \frac{A_1 + B_1 + C_1 + D_1}{4},$$

c'est-à-dire que le point moyen des quatre sommets est le même que celui des quatre points A_1, B_1, C_1, D_1. C'est, comme l'on sait, le centre de gravité du tétraèdre.

11. *Sur les côtés successifs d'un polygone fermé $A_1 A_2 \ldots A_n$ (plan ou gauche) on porte des longueurs $A_1 B_1$, $A_2 B_2$, $\ldots$, $A_n B_n$ proportionnelles à ces côtés : démontrer que le point moyen des points B_1, B_2, $\ldots$, B_n est le même que celui des points A_1, A_2, $\ldots$, A_n.*

Soit, en effet,

$$\frac{A_1 B_1}{A_1 A_2} = \frac{A_2 B_2}{A_2 A_3} = \cdots = \frac{A_n B_n}{A_n A_1} = k.$$

Nous aurons

$$A_1 B_1 = k \cdot A_1 A_2$$

ou

$$B_1 - A_1 = k\left(A_2 - A_1\right),$$

c'est-à-dire

$$B_1 = \left(1 - k\right) A_1 + k A_2.$$

De même,

$$B_2 = \left(1 - k\right) A_2 + k A_3,$$
$$\ldots \ldots \ldots \ldots \ldots \ldots,$$
$$B_n = \left(1 - k\right) A_n + k A_1,$$

et, en ajoutant,

$$B_1 + B_2 + \ldots + B_n = A_1 + A_2 + \ldots + A_n,$$

ce qui, en divisant par n, démontre le théorème.

EXERCICES PROPOSÉS SUR LE CHAPITRE PREMIER.

1. Le quadrilatère ayant pour sommets les milieux des côtés d'un quadrilatère (plan ou gauche) est un parallélogramme. Le point moyen des sommets est le même pour ce parallélogramme et pour le quadrilatère donné.

2. ABCD est un parallélogramme; on construit les points P, Q, R, S et P′, Q′, R′, S′ de telle sorte que

$$\frac{AP}{AB} = \frac{BQ}{BC} = \frac{CR}{CD} = \frac{DS}{DA} = k$$

et

$$\frac{AP'}{AB} = \frac{BQ'}{BC} = \frac{CR'}{CD} = \frac{DS'}{DA} = k'.$$

Puis on prend les intersections E, F, G, H de PQ et P′Q′, QR et Q′R′, RS et R′S′, SP et S′P′ respectivement. Démontrer :

1° Que PQRS, P′Q′R′S′ sont des parallélogrammes;

2° Que EFGH est un parallélogramme construit au moyen de PQRS, comme P′Q′R′S′ l'est au moyen de ABCD;

3° Que tous ces parallélogrammes ont même point moyen.

3. On construit sur les côtés d'un quadrilatère ABCD les points P, Q, R, S de telle sorte que

$$\frac{AP}{AB} = \frac{BQ}{BC} = \frac{CR}{CD} = \frac{DS}{DA} = k,$$

k étant différent de $\frac{1}{2}$. Démontrer que, si PQRS est un parallélogramme, il en est de même de ABCD.

4. Les bissectrices des angles extérieurs d'un triangle rencontrent les côtés opposés en trois points situés sur une même ligne droite.

5. Les diagonales d'un parallélépipède se coupent mutuellement en parties égales.

6. ABCD est un parallélogramme; E est le milieu de AB. Démontrer que les droites AC, DE se coupent mutuellement au tiers de leur longueur.

7. ABCD est un parallélogramme; QP est une parallèle quelconque à DC; PD, QC se rencontrent en S, et PA, QB se rencontrent en R. Démontrer que RS est parallèle à AD.

8. Si par un point quelconque, intérieur au triangle ABC,

on mène trois droites MN, PQ, RS respectivement parallèles à AB, BC, CA, et jusqu'aux côtés du triangle, on aura

$$\frac{MN}{AB} + \frac{PQ}{BC} + \frac{RS}{CA} = 2.$$

9. On joint le point O, intérieur au triangle ABC, aux trois sommets par des droites qui rencontrent les côtés BC, CA, AB en D, E, F respectivement. Démontrer qu'on a

$$\frac{AF}{FB}\frac{BD}{DC}\frac{CE}{EA} = 1.$$

10. Soit E un point quelconque sur la médiane AD d'un triangle ABC. On joint BE, CE, et ces droites rencontrent en F, G respectivement les côtés AC, AB. Démontrer que FG est parallèle à BC.

11. Les trois bissectrices des angles d'un triangle se rencontrent en un même point.

12. Soient AD, BE, CF trois droites passant par un même point et coupant en D, E, F les côtés BC, CA, AB du triangle ABC; L l'intersection de EF et de BC; M celle de FD et de CA; N celle de DE et de AB. Démontrer que L, M, N sont en ligne droite.

13. Soient OBCA (*fig.* 6) un quadrilatère gauche quelconque; E, F, G, H des points sur les côtés construits de telle sorte que

$$\frac{OE}{OB} = \frac{AF}{AC} = \frac{OG}{OA} = \frac{BH}{BC}.$$

Démontrer :

1º Que les deux droites EF, GH se rencontrent;

2º Que les trois droites OC, EH, GF concourent en un même point, comme dans le cas particulier de la *fig.* 6.

14. Construire un tétraèdre, étant donnés les points moyens de toutes ses faces.

15. On a un système de points A_1, A_2, $\ldots$, A_n. On les joint entre eux par des droites de toutes les manières possibles, et l'on prend les milieux M_1, M_2, $\ldots$ de toutes ces droites. Le point moyen des points M_1, $\ldots$ est le même que celui des points A_1, $\ldots$

CHAPITRE II.

MULTIPLICATION ET DIVISION DES VECTEURS.

Biradiales. — Définitions et notations.

19. Jusqu'à présent, dans l'addition ou la soustraction des vecteurs, et dans leur multiplication par des quantités algébriques, les règles du calcul ordinaire s'appliquent sans aucune modification. Il n'en sera plus de même dans ce qui va suivre. Les règles à adopter, et aussi l'interprétation des résultats, dépendront des définitions et des conventions que nous allons maintenant introduire.

La première notion qui se présente actuellement à nous est celle du *rapport géométrique* de deux vecteurs. auxquels nous pouvons supposer une origine commune. tels que OA, OB. C'est à ce rapport que nous donnerons le nom de *biradiale,* et nous désignerons une biradiale soit par la notation algébrique ordinaire $\dfrac{OB}{OA}$, soit d'une manière analogue à un angle, en écrivant AOB. Dans les deux cas, OA est dit *vecteur initial* et OB *vecteur final* de la biradiale.

L'idée de biradiale implique à la fois la notion de grandeur numérique (rapport des longueurs des deux vecteurs), celle d'angle (angle formé par les deux vecteurs) et aussi celle d'orientation (direction du plan des deux vecteurs). Cette seule considération nous montre *a priori* que dans la représentation analytique d'une biradiale devront figurer *quatre* quantités algébriques répondant : 1° à la *grandeur* ou au *module;* 2° à l'*angle* de la biradiale; 3° aux deux conditions nécessaires pour déterminer l'*orientation* du plan.

Cette orientation peut se déterminer au moyen d'une droite élevée perpendiculairement au plan et menée, par exemple, par l'origine commune O des deux vecteurs. On donne à cette droite le nom d'*axe* de la biradiale.

D'après ce qui précède, une biradiale n'est pas altérée, soit quand on modifie dans le même rapport les longueurs des deux vecteurs dont elle exprime le rapport géométrique, soit quand on transporte ces vecteurs, ensemble ou séparément, parallèlement à eux-mêmes, soit enfin quand on la fait tourner autour d'une droite parallèle à son axe. En conséquence, deux biradiales sont dites *égales* lorsqu'elles ont même module, même angle et même axe.

20. Lorsque les deux vecteurs ont même module, le module de la biradiale est égal à l'unité, et l'on dit que la biradiale est *unitaire.*

Lorsque l'angle de la biradiale est égal à un angle droit, la biradiale est dite *rectangle.*

Si cet angle devient égal à zéro ou à un nombre entier quelconque de demi-circonférences, la biradiale se réduit évidemment à un rapport numérique.

Lorsque deux ou plusieurs biradiales ont même axe, on dit que ces biradiales sont *coplanaires.*

Addition et soustraction des biradiales.

21. Soient deux biradiales AOB, COD. Il est clair qu'on peut tout d'abord rendre la longueur de OC égale à celle de OA sans altérer la biradiale COD. Si maintenant nous faisons tourner convenablement dans leurs plans respectifs les deux biradiales, nous pourrons faire coïncider dans leurs nouvelles positions les vecteurs OA, OC. Cela posé, c'est-à-dire les deux biradiales étant maintenant de la forme AOB, AOD, désignons par OE la somme des deux vecteurs OB, OD. Nous dirons, *par définition,* que la biradiale AOE est la *somme* des deux biradiales primitives, et nous écrirons

$$AOB + AOD = AOE$$

ou

$$(1) \qquad \frac{OB}{OA} + \frac{OD}{OA} = \frac{OB + OD}{OA} \cdot$$

La différence se définira de même par la relation

$$\frac{OB}{OA} - \frac{OD}{OA} = \frac{OB - OD}{OA},$$

et de proche en proche on obtiendrait la somme algébrique d'autant de biradiales qu'on le voudrait.

Il est évident que l'addition de deux biradiales est commutative, c'est-à-dire que l'ordre de l'opération n'a aucune influence sur le résultat. Il en est de même pour autant de biradiales qu'on voudra, pourvu que les vecteurs initiaux coïncident, et l'on reconnaît que l'addition et la soustraction des biradiales, dans ce cas, jouissent exactement des mêmes propriétés que l'addition et la soustraction ordinaires.

22. Réciproquement, si l'on décompose comme l'on voudra le vecteur final OB d'une biradiale donnée AOB, de telle sorte que

$$OB = OP + OQ + OR + \ldots,$$

on aura

$$AOB = AOP + AOQ + \ldots.$$

En particulier, menons (*fig.* 11) le plan AOB, et
dans ce plan abaissons BP, BQ, perpendiculaires sur

Fig. 11.

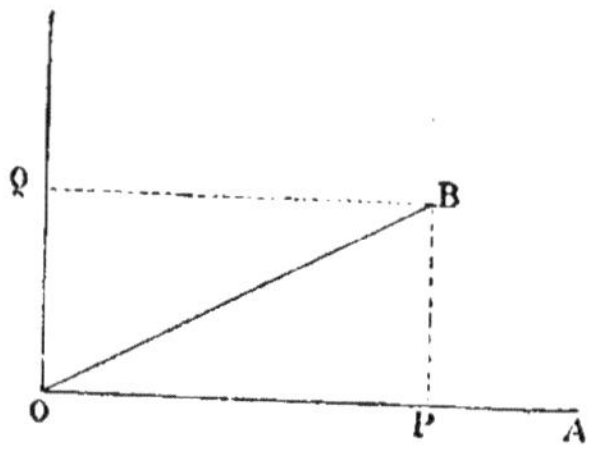

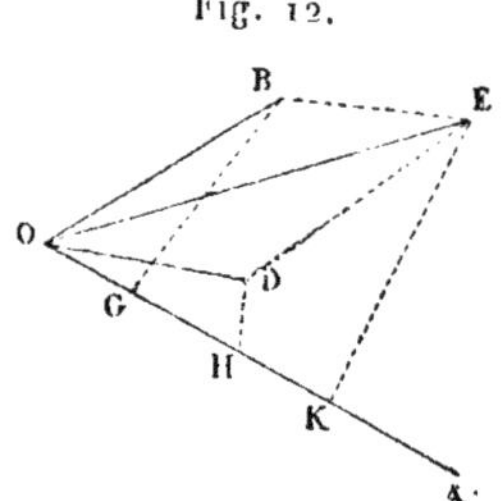

OA et sur une perpendiculaire à cette droite, respectivement. Il viendra

$$(2) \qquad AOB = AOP + AOQ,$$

c'est-à-dire qu'*une biradiale quelconque est décomposable en une biradiale numérique et une biradiale
rectangle.*

Il importe de s'assurer que cette décomposition n'est
pas contradictoire avec la définition donnée plus haut,
c'est-à-dire que l'addition de deux biradiales peut s'effectuer par l'addition séparée des biradiales numériques

Fig. 12.

et des biradiales rectangles. Or, si nous abaissons BG,
DH, EK (*fig.* 12) perpendiculaires sur OA, on reconnaît
immédiatement que

$$OK = OG + OH, \quad KE = GB + HD.$$

Par conséquent, en déterminant le rapport

$$\frac{OE}{OA} = \frac{OB}{OA} + \frac{OD}{OA} = \frac{OK}{OA} + \frac{KE}{OA},$$

nous aurons bien le même résultat que si nous avions ajouté les biradiales numériques $\dfrac{OG}{OA}$, $\dfrac{OH}{OA}$ d'une part et les biradiales rectangles $\dfrac{GB}{OA}$, $\dfrac{HD}{OA}$ de l'autre. Et il est à remarquer que ni les unes ni les autres n'ont été altérées par les opérations géométriques nécessaires pour amener les vecteurs initiaux en coïncidence suivant OA.

Nous pourrons donc supposer, toutes les fois qu'on aura à faire la somme d'autant de biradiales qu'on voudra, qu'on opère séparément sur les biradiales numériques et sur les biradiales rectangles.

23. Si deux biradiales AOB, AOC (*fig.* 13) sont rec-

Fig. 13.

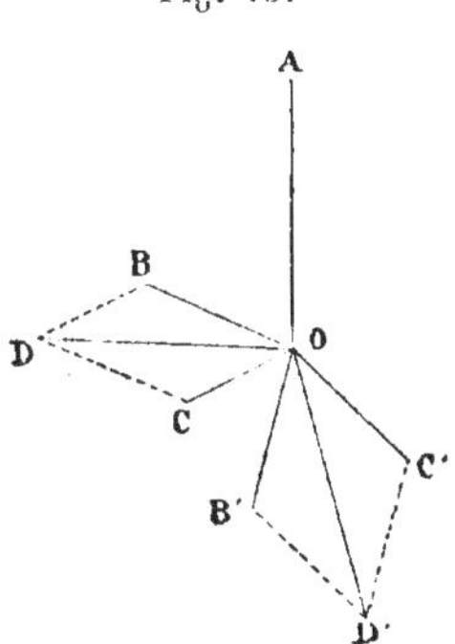

tangles, il est évident que la somme

$$AOD = \frac{OD}{OA} = \frac{OB + OC}{OA}$$

sera encore une biradiale rectangle. Si nous convenons

de représenter la biradiale AOB par le vecteur OB′, perpendiculaire à son plan, égal en longueur à la grandeur numérique du rapport $\dfrac{OB}{OA}$ et tel que pour un observateur placé suivant OB′, les pieds en O, le mouvement de rotation du vecteur initial OA vers le vecteur final OB s'opère dans le sens positif ([1]), et si nous construisons de même OC′ et OD′ répondant aux biradiales AOC, AOD, il est visible que nous aurons

$$OD' = OB' + OC'.$$

Cette représentation d'une biradiale rectangle par un vecteur nous montre donc qu'il suffit d'opérer sur les vecteurs pour effectuer toutes les opérations que nous pourrons avoir à faire sur des biradiales rectangles. Il ressort de là, en particulier, que l'addition et la soustraction des biradiales rectangles, et par suite (**22**) des biradiales quelconques, présenteront exactement les mêmes propriétés que l'addition et la soustraction algébriques.

D'après cette convention, nous voyons encore qu'une biradiale quelconque, d'après la décomposition du n° **22**, se présentera sous la forme d'une quantité numérique, plus un vecteur.

Inversement, nous pourrons regarder un vecteur quelconque, OB′ par exemple, comme représentant le rapport géométrique $\dfrac{OB}{OA}$ ou un rapport égal.

Si la biradiale rectangle AOB est unitaire, il en sera

---

[1] Ici, comme dans toute la suite, nous adopterons constamment comme sens des rotations positives celui d'un mouvement de *l'est vers le nord*, ou, en d'autres termes, d'un mouvement *contraire à celui des aiguilles d'une montre*.

de même du vecteur OB′, et inversement. Donc, étant donné un vecteur unitaire, il représentera le rapport de deux vecteurs égaux en longueur, perpendiculaires entre eux, menés dans un plan perpendiculaire au vecteur unitaire, et tels que le sens de la rotation du vecteur initial au vecteur final soit positif.

Multiplication des biradiales.

24. Deux biradiales étant données, on peut toujours les amener à une position telle que le vecteur final de la première soit identique au rayon initial de la seconde.

Soient donc AOB, BOC ces deux biradiales. Nous dirons, *par définition,* que le produit de la première par la seconde est égal à la biradiale AOC, et nous écrirons

$$(1) \qquad \text{AOB}.\text{BOC} = \text{AOC},$$

ou encore

$$\frac{\text{OB}}{\text{OA}} \cdot \frac{\text{OC}}{\text{OB}} = \frac{\text{OC}}{\text{OA}}.$$

Il suit de là que le module $\mathrm{gr}\ \dfrac{\text{OC}}{\text{OA}}$ du produit de deux biradiales est égal au produit des modules des deux facteurs. Cette simple remarque nous permettra souvent, dans les démonstrations, de raisonner sur des biradiales unitaires, puisqu'il sera toujours facile de restituer aux résultats les valeurs de leurs modules.

En supposant, par exemple, que AOB, BOC soient des biradiales unitaires, les points A, B, C sont sur une même sphère, et nous voyons que la construction du produit AOC revient à ce qu'on peut appeler l'*addition* des arcs de grand cercle AB, BC, ce mot « addition » étant compris dans un sens analogue à celui de l'addition des vecteurs sur un plan. Mais, pour effectuer cette *addition sphérique,* il faut toujours transporter les arcs *sur leurs cercles respectifs,* de manière que l'origine du second coïncide avec l'extrémité du premier. Si donc (*fig.* 14) nous avions voulu ajouter BC et AB, il aurait

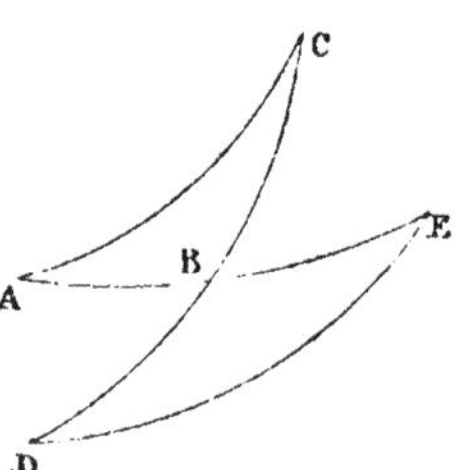

Fig. 14.

fallu construire DB = BC, puis BE = AB, et le résultat de l'addition eût été DE. Comme, en général, DE est fort différent de AC, on voit que l'addition sphérique n'est pas commutative, ou, en d'autres termes, que *la multiplication des biradiales n'est pas commutative* non plus. De cette différence avec la multiplication ordinaire résultent toutes les règles spéciales à l'Algèbre des quaternions.

Dans tout ce qui suivra, nous écrirons constamment le multiplicande d'abord et le multiplicateur ensuite.

25. Si nous multiplions la biradiale AOB par la biradiale BOA, le produit, d'après ce qui précède, sera $\frac{OA}{OA}$ ou l'unité. Deux biradiales dont le produit est ainsi égal à l'unité sont dites *réciproques.*

Il est évident que la multiplication de deux biradiales réciproques est commutative.

Lorsque deux biradiales sont coplanaires, de même

module, et que leurs angles sont égaux et de signes contraires, on dit que ces biradiales sont *conjuguées*.

On peut mettre deux biradiales conjuguées sous la forme AOB, BOA′, OA′ ayant la même direction que OA et le rapport $\dfrac{\mathrm{gr\,OA'}}{\mathrm{gr\,OB}}$ étant égal à $\dfrac{\mathrm{gr\,OB}}{\mathrm{gr\,OA}}$. Le produit AOB . BOA′ est alors

$$\frac{\mathrm{OA'}}{\mathrm{OA}} = \left(\mathrm{gr}\,\frac{\mathrm{OB}}{\mathrm{OA}}\right)^{2}.$$

Ainsi, *le produit d'une biradiale par sa conjuguée est égal au carré du module commun.* Dans ce cas encore, la multiplication est commutative.

26. Reprenons la représentation d'une biradiale rectangle par un vecteur, indiquée au n° **23**. Deux biradiales rectangles conjuguées seront évidemment représentées par deux vecteurs égaux et de signes contraires, $+\,\mathrm{A}$ et $-\,\mathrm{A}$ par exemple, et, le produit de ces deux biradiales étant égal au carré du module a de chacune d'elles (ou du vecteur A), nous aurons

$$+\,\mathrm{A} . -\mathrm{A} = \mathrm{a}^{2} \quad \text{ou} \quad -\mathrm{A}^{2} = \mathrm{a}^{2}, \quad \mathrm{A}^{2} = -\,\mathrm{a}^{2}.$$

Si les biradiales (et par suite les vecteurs $+\,\mathrm{A}$, $-\,\mathrm{A}$) sont unitaires, on aura

$$(2) \qquad\qquad \mathrm{A}^{2} = -\,\mathrm{1}.$$

Ainsi, *le carré d'un vecteur quelconque est égal au carré de son module, pris négativement ; le carré d'un vecteur unitaire est égal à* $-\,\mathrm{1}$.

27. Désignons par cj AOB en général la biradiale conjuguée de AOB. S'il s'agit de biradiales unitaires,

$$\mathrm{BOA} = \mathrm{cj\,AOB}.$$

Or nous avons identiquement

$$COB . BOA = COA.$$

Donc, en supposant toutes les biradiales unitaires,

$$cj\,BOC . cj\,AOB = cj\,AOC$$

ou

$$cj\,(AOB . BOC) = cj\,BOC . cj\,AOB.$$

Ainsi, *la conjuguée d'un produit de deux biradiales est égale au produit des conjuguées des deux facteurs, prises dans l'ordre inverse.*

En restituant la valeur des modules (**24**), on reconnaît que ce théorème s'applique à deux biradiales quelconques, et non pas seulement à des biradiales unitaires.

Division des biradiales.

28. Nous pouvons définir la division, comme opération inverse de la multiplication, de deux manières différentes, en considérant le dividende comme égal, soit au produit du quotient par le diviseur, soit au produit du diviseur par le quotient. C'est à cette dernière définition que nous nous arrêterons une fois pour toutes, et nous écrirons conséquemment

$$(1) \qquad \text{dividende} = \text{diviseur} \times \text{quotient.}$$

Si le dividende et le diviseur sont des vecteurs OA et OB, le quotient ou le rapport de ces deux vecteurs s'exprimera par la biradiale $\dfrac{OA}{OB}$ ou BOA. En supposant les deux vecteurs OA, OB perpendiculaires, la biradiale pouvant alors se représenter par un vecteur OC perpendiculaire à son plan, nous aurons

$$(2) \qquad \frac{OA}{OB} = OC.$$

la rotation du diviseur OB vers le dividende OA étant positive relativement à l'axe OC, et le module $\mathrm{gr}\,OC$ étant égal à $\dfrac{\mathrm{gr}\,OA}{\mathrm{gr}\,OB}$.

D'après la définition (1), il suit de là que

$$(3) \qquad\qquad OA = OB \cdot OC,$$

c'est-à-dire que le produit de deux vecteurs rectangulaires est un vecteur perpendiculaire à leur plan. Toutes ces conséquences sont d'accord avec les définitions et conventions précédentes, et on les vérifie immédiatement en substituant à chaque vecteur la biradiale rectangle que ce vecteur représente.

Pour deux biradiales de même vecteur initial AOC, AOB, on a

$$AOC : AOB = BOC$$

ou

$$\frac{OC}{OA} : \frac{OB}{OA} = \frac{OC}{OB}.$$

Unités rectangulaires. — Propriétés fondamentales.

29. Prenons (*fig.* 15) un système de trois axes rectangulaires OX_1, OX_2, OX_3, tels que les rotations de X_1 en X_2, de X_2 en X_3, de X_3 en X_1 soient positives par rapport aux axes OX_3, OX_1, OX_2 respectivement.

Soient $OI_1 = \iota_1$, $OI_2 = \iota_2$, $OI_3 = \iota_3$ trois vecteurs unitaires dirigés suivant ces axes. Un vecteur quelconque $OM = \mathrm{m}$ pourra se représenter par $x_1\iota_1 + x_2\iota_2 + x_3\iota_3$, si les coordonnées de M sont x_1, x_2, x_3.

D'après ce que nous avons vu aux nᵒˢ **23** et **28**, chaque vecteur unitaire, ι_3 par exemple, représente la biradiale I_1OI_2 formée par le rapport des deux autres ι_1 et ι_2.

Donc

$$\frac{\mathbf{I}_2}{\mathbf{I}_1} = \mathbf{I}_3, \qquad \frac{\mathbf{I}_3}{\mathbf{I}_2} = \mathbf{I}_1, \qquad \frac{\mathbf{I}_1}{\mathbf{I}_3} = \mathbf{I}_2.$$

On tire de là

$$\mathbf{I}_2 = \mathbf{I}_1 \mathbf{I}_3, \qquad \mathbf{I}_3 = \mathbf{I}_2 \mathbf{I}_1, \qquad \mathbf{I}_1 = \mathbf{I}_3 \mathbf{I}_2.$$

On a de même

$$\frac{\mathbf{I}_1}{\mathbf{I}_2} = -\mathbf{I}_3, \qquad \frac{\mathbf{I}_2}{\mathbf{I}_3} = -\mathbf{I}_1, \qquad \frac{\mathbf{I}_3}{\mathbf{I}_1} = -\mathbf{I}_2,$$

$$\mathbf{I}_1 = -\mathbf{I}_2 \mathbf{I}_3, \qquad \mathbf{I}_2 = -\mathbf{I}_3 \mathbf{I}_1, \qquad \mathbf{I}_3 = -\mathbf{I}_1 \mathbf{I}_2.$$

Enfin [**26**, formule (2)] le carré de chacun de ces vecteurs est égal à — 1.

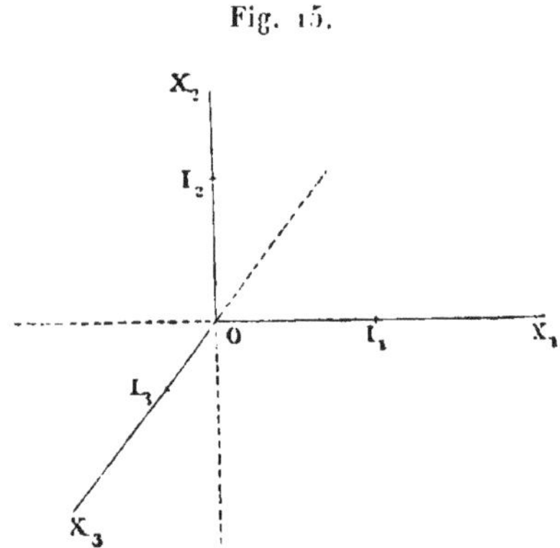

Fig. 15.

Nous pouvons réunir dans le Tableau suivant les relations fondamentales auxquelles satisfont les unités rectangulaires :

$$(1) \qquad \mathbf{I}_1 \mathbf{I}_2 = -\mathbf{I}_3, \qquad \mathbf{I}_2 \mathbf{I}_3 = -\mathbf{I}_1, \qquad \mathbf{I}_3 \mathbf{I}_1 = -\mathbf{I}_2,$$

$$(2) \qquad \mathbf{I}_2 \mathbf{I}_1 = \mathbf{I}_3, \qquad \mathbf{I}_3 \mathbf{I}_2 = \mathbf{I}_1, \qquad \mathbf{I}_1 \mathbf{I}_3 = \mathbf{I}_2,$$

$$(3) \qquad \mathbf{I}_1^2 = \mathbf{I}_2^2 = \mathbf{I}_3^2 = -1.$$

Nous vérifions ici que, d'une manière générale, *la
multiplication d'un vecteur unitaire* A *par un vecteur
unitaire perpendiculaire* B *a pour effet d'imprimer au
vecteur* A *une rotation d'un angle droit autour de* B, *et
dans le sens positif.*

30. Lorsque des facteurs algébriques sont appliqués
aux vecteurs, ces facteurs restent soumis aux règles
habituelles de l'Algèbre. Par exemple, le produit de $5\,\mathrm{I}_1$
par $3\,\mathrm{I}_2$ sera $15\,\mathrm{I}_1\mathrm{I}_2 = -15\,\mathrm{I}_3$. Nous sommes conduit à
cette règle par l'application même de nos définitions,
en regardant toujours les vecteurs comme représentant
des biradiales rectangles.

31. Les relations (1), (2), (**3**) du n° **29** nous permettent de déterminer les produits d'autant de facteurs
qu'on voudra, formés par les unités rectangulaires I_1, I_2,
I_3. Par exemple,

$$\mathrm{I}_2\,\mathrm{I}_3\,\mathrm{I}_1\,\mathrm{I}_1\,\mathrm{I}_2 = -\,\mathrm{I}_1\,\mathrm{I}_1\,\mathrm{I}_1\,\mathrm{I}_2 = \mathrm{I}_1\,\mathrm{I}_2 = -\,\mathrm{I}_3.$$

Or, on reconnaît qu'on arriverait au même résultat en
écrivant

$$\mathrm{I}_2\big(\mathrm{I}_3\,\mathrm{I}_1\big)\big(\mathrm{I}_1\,\mathrm{I}_2\big) \quad \text{ou} \quad \mathrm{I}_2\,\mathrm{I}_3\big(\mathrm{I}_1\,\mathrm{I}_1\big)\mathrm{I}_2, \quad \ldots$$

En un mot, on peut remplacer à volonté plusieurs
facteurs par leur produit effectué, mais sans altérer
l'ordre ; en d'autres termes, la multiplication des unités
rectangulaires est *associative*. Nous reconnaîtrons bien-
tôt qu'il en est de même de la multiplication des biradiales en général.

Nous attirerons encore l'attention du lecteur sur les
produits remarquables

$$\mathrm{I}_1\,\mathrm{I}_2\,\mathrm{I}_3 = \mathrm{I}_2\,\mathrm{I}_3\,\mathrm{I}_1 = \mathrm{I}_3\,\mathrm{I}_1\,\mathrm{I}_2 = +\,\mathrm{I},$$

$$\mathrm{I}_3\,\mathrm{I}_2\,\mathrm{I}_1 = \mathrm{I}_2\,\mathrm{I}_1\,\mathrm{I}_3 = \mathrm{I}_1\,\mathrm{I}_3\,\mathrm{I}_2 = -\,\mathrm{I}.$$

Représentation analytique des biradiales. — Quaternions.

32. Nous représenterons souvent une biradiale, dans ce qui suivra, par une seule lettre, pour plus de concision dans l'écriture. Ce sera alors invariablement une majuscule italique, et nous aurons par exemple

$$Q = AOB = \frac{OB}{OA} = \frac{B}{A}.$$

Si nous effectuons la décomposition indiquée au n° **22**, nous avons vu que la biradiale se composera (*fig.* 11) de la partie algébrique $\frac{OP}{OA}$ et de la partie rectangulaire $\frac{OQ}{OA}$.

Nous désignerons par SQ ou par Q_0 la première partie et par UQ ou Q_i la seconde. Cette seconde partie, comme nous l'avons déjà reconnu plusieurs fois, peut être représentée par un vecteur.

Pour cette raison, on dit que UQ est la partie *vectorielle* ou *symbolique* de la biradiale, tandis que SQ est appelé partie *algébrique, réelle* ou *scalaire*.

Nous avons, dans tous les cas,

$$(1) \qquad Q = SQ + UQ = Q_0 + Q_i.$$

Le vecteur Q_i, si nous introduisons les trois axes rectangulaires de la *fig.* 15, peut s'écrire $q_1 \iota_1 + q_2 \iota_2 + q_3 \iota_3$ si nous appelons q_1, q_2, q_3 les coordonnées de son extrémité, si bien que la biradiale prend la forme

$$(2) \qquad Q = Q_0 + q_1 \iota_1 + q_2 \iota_2 + q_3 \iota_3.$$

C'est à ce symbole à quatre termes, dont un réel et trois symboliques, que l'on donne le nom de QUATERNION.

Un quaternion est donc l'*expression analytique d'une biradiale*.

33. Supposons maintenant que les deux vecteurs B et A du numéro précédent soient de même module, par exemple unitaires l'un et l'autre. Alors le rapport $\dfrac{OP}{OA}$ (*fig.* 11) sera égal à $\cos\gamma$ si nous appelons γ l'angle OAB, et le module de $\dfrac{OQ}{OA}$ sera $\sin\gamma$. Donc, si nous appelons Q un vecteur unitaire perpendiculaire à AOB et tel que la rotation de OA vers OB soit positive par rapport à ce vecteur, nous pourrons écrire

$$(3) \qquad \frac{B}{A} = \cos\gamma + Q\sin\gamma.$$

Telle est l'expression générale d'une biradiale unitaire, expression que nous appellerons *quaternion unitaire* ou *verseur*.

Reprenant maintenant la biradiale Q quelconque, nous pouvons la regarder comme égale au produit de son module $\mathfrak{C}Q = \dfrac{\mathfrak{C}B}{\mathfrak{C}A}$ par la biradiale unitaire qui aurait même plan et même angle. Nous désignerons cette biradiale unitaire par la notation $\mathfrak{U}Q$. D'après cela, nous pouvons donc écrire encore

$$(4) \qquad Q = \mathfrak{C}Q.\mathfrak{U}Q.$$

En posant, comme nous le ferons souvent, $\mathfrak{C}Q = q$, nous aurons ainsi, conservant pour le surplus les notations précédentes,

$$(5) \qquad Q = q(\cos\gamma + Q\sin\gamma).$$

Un quaternion est donc égal au produit de son module par son verseur.

Remarque. — En multipliant le vecteur A par le vecteur unitaire Q qui lui est perpendiculaire, on le fait *tourner d'un angle droit* autour de Q, dans le sens positif, sans changer sa longueur.

En multipliant le même vecteur par $\cos\gamma + Q\sin\gamma$, on le fait tourner dans le même sens et autour du même axe, non plus d'un angle droit, mais de l'angle γ. De là ce nom de *verseur* donné à l'expression $\cos\gamma + Q\sin\gamma$. On voit du reste que ce verseur se réduit à Q pour $\gamma = 1^{dr}$.

34. D'après la définition des biradiales conjuguées (**25**), nous voyons (*fig.* 16) que la conjuguée de AOB

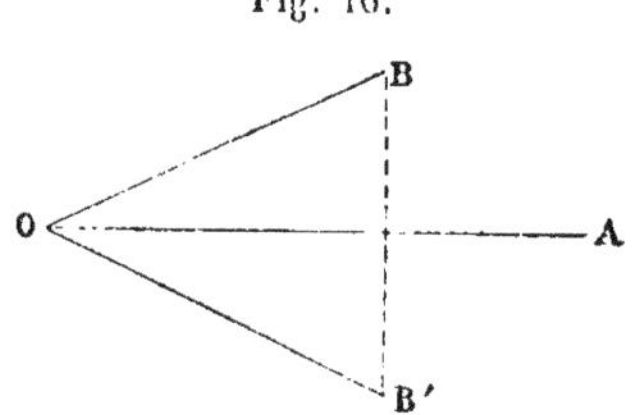

sera AOB', le point B' étant symétrique de B par rapport à OA.

En représentant par Q, comme nous l'avons déjà fait, le quaternion ou la biradiale AOB, la biradiale conjuguée AOB', que nous représenterons par cj Q ou par $\overline{Q}$, ne différera évidemment de la première que par le signe de la partie vectorielle, si bien que les relations (1), (2), (3), (4), (5) des numéros précédents nous donneront

$$(6) \qquad \overline{Q} = Q_0 - q_1 \mathbf{i}_1 - q_2 \mathbf{i}_2 - q_3 \mathbf{i}_3,$$

$$(7) \qquad \mathfrak{U}\,\overline{Q} = \cos\gamma - Q\sin\gamma,$$

$$(8) \qquad \mathfrak{T}\,\overline{Q} = \mathfrak{T}\,Q,$$

$$(9) \qquad \mathfrak{S}\,\overline{Q} = \mathfrak{S}\,Q,$$

$$(10) \qquad \mathfrak{V}\,\overline{Q} = -\,\mathfrak{V}\,Q.$$

Avec cette notation, le théorème du n° **27** s'exprimera par la relation

$$\mathrm{cj}(PQ) = \mathrm{cj}\,Q.\mathrm{cj}\,P,$$

ou

$$(11) \qquad \overline{PQ} = \overline{Q}.\overline{P}.$$

Nous nous contentons d'énoncer les propriétés évidentes que voici :

Si deux biradiales sont égales, il en est de même de leurs conjuguées.

La conjuguée d'une somme de biradiales est égale à la somme des conjuguées des éléments qui composent la somme.

Rappelons enfin, comme le montre d'ailleurs la formule (6) en y faisant $Q_0 = 0$, que *le conjugué d'un vecteur est égal à ce vecteur changé de signe.*

Propriétés de la multiplication des biradiales.

33. Lorsque, dans le produit AOC des deux biradiales AOB $= P$, BOC $= Q$, nous décomposons le vecteur OC en OD $+$ OE d'une manière quelconque, nous avons (**21**)

$$\mathrm{BOC} = \mathrm{BOD} + \mathrm{BOE} = R + S$$

et

$$\mathrm{AOC} = \mathrm{AOD} + \mathrm{AOE} = \mathrm{AOB}.\mathrm{BOD} + \mathrm{AOB}.\mathrm{BOE}.$$

Donc

$$(1) \qquad P(R + S) = PR + PS,$$

ce qu'on exprime en disant que *la multiplication est distributive par rapport à l'addition en ce qui concerne le multiplicateur.*

Il est très facile de reconnaître que cette propriété s'applique à une somme d'autant d'éléments qu'on voudra et non pas à deux seulement.

Si nous appliquons aux deux membres de la relation (1) le théorème du n° **27** [formule (11) du numéro précédent], nous avons

$$cjP(R + S) = \overline{(R + S)}.\overline{P} = (\overline{R} + \overline{S})\overline{P},$$

$$cjPR + cjPS = \overline{R}.\overline{P} + \overline{S}.\overline{P}.$$

Ainsi $(\overline{R} + \overline{S})\overline{P} = \overline{R}.\overline{P} + \overline{SP}$; et, comme $\overline{R}$, $\overline{S}$, $\overline{P}$ représentent des quaternions quelconques, nous pouvons écrire

$$(2) \qquad (R + S)P = RP + SP,$$

c'est-à-dire que *la multiplication est distributive par rapport à l'addition en ce qui concerne le multiplicande.*

36. D'après ce qui précède, nous pourrons constamment, dans tout produit, remplacer les quaternions par les éléments qui les composent, écrits par exemple sous la forme $a_0 + a_1 i_1 + a_2 i_2 + a_3 i_3$. Tout produit se résoudra ainsi en une somme de produits partiels dans lesquels figureront uniquement des quantités réelles et les unités vectorielles rectangulaires i_1, i_2, i_3. Or, nous avons vu (**31**) que la multiplication de ces unités est associative.

Donc *la multiplication des quaternions en général est associative,* c'est-à-dire que dans un produit on peut remplacer une suite quelconque de facteurs par leur produit effectué, pourvu qu'on n'altère pas l'ordre des facteurs.

Par exemple,

$$PQRST = PQR(ST) = P(QRS)T = P(QR)(ST) = \ldots.$$

Cette propriété est essentielle dans la théorie des quaternions, puisqu'elle établit que la multiplication, dans cette Algèbre spéciale, jouit de toutes les propriétés de la multiplication ordinaire, *sauf la commutativité*.

Plusieurs démonstrations directes et purement géométriques en ont été données; mais presque toutes sont d'une assez grande complication, tandis que la marche que nous venons de suivre, et qui consiste à passer par la propriété distributive pour établir la propriété associative en général, nous semble aussi naturelle et beaucoup plus simple.

Produits de deux vecteurs.

37. Soient $OA = A$, $OB = B$ deux vecteurs unitaires (*fig.* 17); θ leur angle; $OD = D$ un vecteur unitaire

Fig. 17.

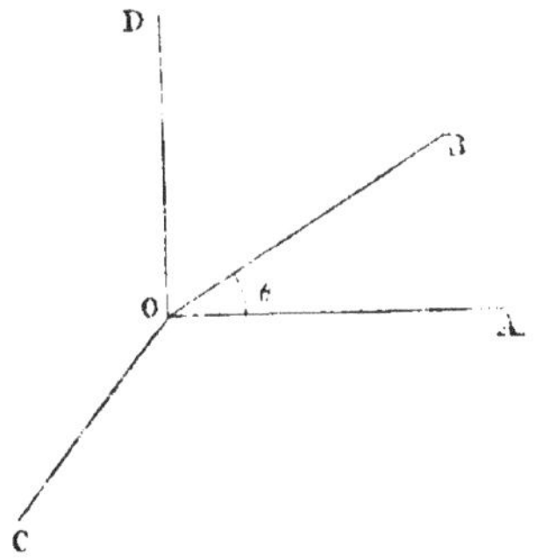

perpendiculaire à A dans le plan AOB; $OC = C$ un vecteur unitaire perpendiculaire au plan AOB et tel que la rotation de OA vers OB soit positive.

En décomposant B suivant OA et OD, nous avons

$$B = \cos\theta . A + \sin\theta . D.$$

Par conséquent,

$$\mathrm{AB} = \cos\vartheta\,.\,\mathrm{A}^2 + \sin\vartheta\,.\,\mathrm{AD}$$

ou, d'après les propriétés établies plus haut (**26, 29**),

$$\mathrm{AB} = -\,(\cos\vartheta + \sin\vartheta\,.\,\mathrm{c}).$$

Pour deux vecteurs quelconques, nous aurions évidemment

$$(1) \qquad \mathrm{AB} = -\,\mathfrak{T}_\mathrm{A}\,.\,\mathfrak{T}_\mathrm{B}\,(\cos\vartheta + \sin\vartheta\,.\,\mathrm{c}).$$

Ainsi, le produit de deux vecteurs est un quaternion.

On obtiendrait ce même produit en déterminant les coordonnées a_1, a_2, a_3 et b_1, b_2, b_3 de A et B par rapport à trois axes fixes rectangulaires et en développant le produit

$$(a_1\,\mathrm{I}_1 + a_2\,\mathrm{I}_2 + a_3\,\mathrm{I}_3)(b_1\,\mathrm{I}_1 + b_2\,\mathrm{I}_2 + b_3\,\mathrm{I}_3)$$

d'après les règles et conventions établies précédemment.

La relation (1) nous donne évidemment

$$(2) \qquad \mathfrak{S}_\mathrm{AB} = -\,\mathfrak{T}_\mathrm{A}\,.\,\mathfrak{T}_\mathrm{B}\,.\,\cos\vartheta,$$

$$(3) \qquad \mathfrak{V}_\mathrm{AB} = -\,\mathfrak{T}_\mathrm{A}\,.\,\mathfrak{T}_\mathrm{B}\,.\,\sin\vartheta\,.\,\mathrm{c}.$$

On voit que $\mathfrak{S}_\mathrm{AB}$ représente au signe près *la puissance de l'origine par rapport au cercle de diamètre* AB, que $\mathfrak{T}\,.\,\mathfrak{V}_\mathrm{AB}$ est égal à *l'aire du parallélogramme construit sur* OA, OB *comme côtés*, qu'enfin la direction de $\mathfrak{V}_\mathrm{AB}$ est perpendiculaire au plan AOB.

En particulier, si deux vecteurs A, B sont rectangulaires, on a

$$\mathfrak{S}_\mathrm{AB} = 0,$$

et réciproquement.

38. Pour le produit BA, nous aurions eu évidemment

$$(1) \qquad \mathrm{BA} = -\,\mathfrak{T}_\mathrm{A}\,.\,\mathfrak{T}_\mathrm{B}\,(\cos\vartheta - \sin\vartheta\,.\,\mathrm{c}),$$

d'où, par comparaison avec la relation (1) du numéro précédent,

$$(a) \quad S_{AB} = S_{BA}, \qquad (b) \quad V_{AB} = - V_{BA},$$

$$(c) \quad AB + BA = 2\,S_{AB}, \qquad (d) \quad AB - BA = 2\,V_{AB},$$

$$AB = cj\,(BA), \qquad\qquad BA = cj\,(AB).$$

39. Ces formules très importantes (a), (b), (c), (d) conduisent à de nombreuses conséquences, parmi lesquelles nous ferons seulement ressortir les formules suivantes :

$$(5) \quad (A + B)^2 = A^2 + AB + BA + B^2 = A^2 + 2\,S_{AB} + B^2,$$

$$(6) \quad (A - B)^2 = A^2 - AB - BA + B^2 = A^2 - 2\,S_{AB} + B^2,$$

$$(7) \quad \begin{aligned} A^2 B^2 &= A\cdot A\cdot B^2 = AB^2 A = AB\cdot BA \\ &= (S_{AB} + V_{AB})(S_{AB} - V_{AB}) \\ &= (S_{AB})^2 - (V_{AB})^2 \\ &= (S_{AB})^2 + (T\cdot V_{AB})^2. \end{aligned}$$

Il est essentiel de remarquer que $A^2 B^2$ est très différent de $(AB)^2$; quant au facteur B^2, nous avons pu le déplacer dans le calcul précédent, parce que ce carré est algébrique.

Quotients de deux vecteurs.

40. Si $OB = B$, $OA = A$ (*fig.* 17) sont deux vecteurs unitaires, nous avons, par la définition même de la biradiale $AOB = \dfrac{B}{A}$, et en vertu des considérations des n^os **22** et **23**,

$$(1) \qquad \frac{B}{A} = \cos\theta + \sin\theta\cdot c.$$

Au contraire, on a, dans la même hypothèse,

$$(2) \qquad \frac{A}{B} = \cos\theta - \sin\theta \,.\, c.$$

En supposant que A et B soient des vecteurs quelconques, ces formules deviennent

$$(3) \qquad \frac{B}{A} = \frac{\mathfrak{C}\,B}{\mathfrak{C}\,A}(\cos\theta + \sin\theta \,.\, c),$$

$$(4) \qquad \frac{A}{B} = \frac{\mathfrak{C}\,A}{\mathfrak{C}\,B}(\cos\theta - \sin\theta \,.\, c).$$

41. La définition des biradiales conjuguées et les relations du n° **34** nous donnent

$$\mathrm{cj}\,\frac{B}{A} = \frac{\mathfrak{C}\,B}{\mathfrak{C}\,A}(\cos\theta - \sin\theta \,.\, c),$$

$$\mathrm{cj}\,\frac{A}{B} = \frac{\mathfrak{C}\,A}{\mathfrak{C}\,B}(\cos\theta + \sin\theta \,.\, c).$$

Donc

$$(5) \qquad \frac{B}{A} = \left(\frac{\mathfrak{C}\,B}{\mathfrak{C}\,A}\right)^2 \mathrm{cj}\,\frac{A}{B},$$

$$(6) \qquad \frac{A}{B} = \left(\frac{\mathfrak{C}\,A}{\mathfrak{C}\,B}\right)^2 \mathrm{cj}\,\frac{B}{A}.$$

Par comparaison avec les résultats du n° **37**, on a aussi

$$(7) \qquad \frac{B}{A} = -\frac{1}{(\mathfrak{C}\,A)^2}\,AB,$$

$$(8) \qquad \frac{A}{B} = -\frac{1}{(\mathfrak{C}\,B)^2}\,BA.$$

Ces relations permettent, comme on le voit, de transformer les quotients en produits. Si par exemple

$$A = a_1 \mathrm{I}_1 + a_2 \mathrm{I}_2 + a_3 \mathrm{I}_3, \qquad B = b_1 \mathrm{I}_1 + b_2 \mathrm{I}_2 + b_3 \mathrm{I}_3,$$

nous aurons

$$(\mathfrak{C}_A)^2 = a_1^2 + a_2^2 + a_3^2,$$

et par suite

$$\frac{B}{A} = -\frac{(a_1\mathbf{1}_1 + a_2\mathbf{1}_2 + a_3\mathbf{1}_3)(b_1\mathbf{1}_1 + b_2\mathbf{1}_2 + b_3\mathbf{1}_3)}{a_1^2 + a_2^2 + a_3^2}.$$

Il suffira de développer le numérateur d'après les règles auxquelles sont soumises les unités $\mathbf{1}_1, \mathbf{1}_2, \mathbf{1}_3$ pour obtenir le quotient cherché.

<hr>

EXERCICES.

12. *La somme des carrés des diagonales d'un parallélogramme est égale à la somme des carrés des côtés.*

On a (*fig.* 1, p. 6)

$$AC = A + B, \quad DB = A - B.$$

De là, en vertu des formules (5) et (6) du n° **39**,

$$(AC)^2 + (DB)^2 = 2\,A^2 + 2\,B^2,$$

et, changeant tous les signes pour passer aux modules,

$$(\mathfrak{C}.AC)^2 + (\mathfrak{C}.DB)^2 = 2(\mathfrak{C}.AB)^2 + 2(\mathfrak{C}.AD)^2,$$

ce qui démontre le théorème, puisque AB = DC et AD = BC.

13. *Soient ABC (fig. 18) un triangle; ABDE, ACFG deux parallélogrammes quelconques construits sur AB, AC; H le point de rencontre de DE et FG : démontrer que la somme des aires des deux parallélogrammes est équivalente à celle d'un parallélogramme construit sur deux droites égales et parallèles à BC, AH.*

Posons

$$AE = a, \quad AB = b, \quad AC = c, \quad AG = d.$$

On a

$$AH = a + x b,$$

d'où

$$AH . b = ab + x b^2.$$

Prenant les parties vectorielles des deux membres (ou *opérant*

Fig. 18.

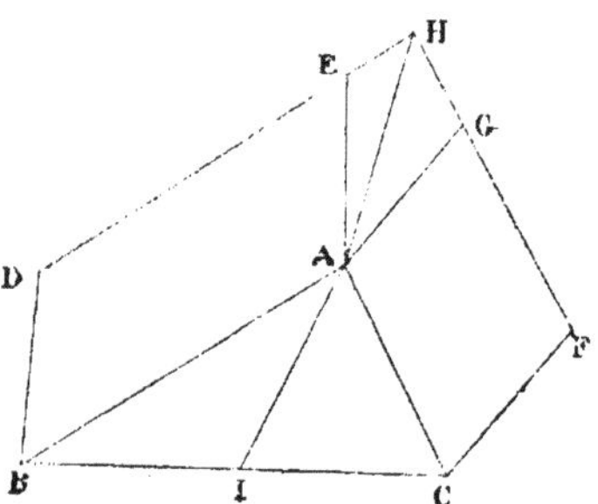

par $\mathcal{V}$.), il vient

$$(1) \qquad \mathcal{V} . AH . b = \mathcal{V} . ab.$$

De même $AH = y c + d$, d'où l'on déduit

$$(2) \qquad \mathcal{V} . AH . c = \mathcal{V} . dc.$$

De là, par soustraction [38 (b)],

$$\mathcal{V} . AH (b - c) = \mathcal{V} . ab - \mathcal{V} . dc = \mathcal{V} . ab + \mathcal{V} . cd$$

ou

$$\mathcal{V} (AH . CB) = \mathcal{V} (AE . AB) + \mathcal{V} (AC . AG),$$

ce qui démontre (37) le théorème énoncé, ces trois vecteurs ayant la même direction.

COROLLAIRE. — L'addition des équations (1) et (2) donnerait

$$\mathcal{V} . AH (b + c) = \mathcal{V} . ab - \mathcal{V} . cd,$$

c'est-à-dire que, I *étant le milieu de* BC, *la différence des aires des deux parallélogrammes* ABDE, ACFG *est équivalente au double de celle du parallélogramme construit sur* AI, AH.

Remarques. — I. Dans les problèmes de ce genre, il est essentiel, comme l'on voit, de tenir compte des signes des aires de la façon la plus attentive.

II. L'opération double, consistant comme ci-dessus à multiplier une expression par $\mathbf{B}$, puis à prendre la partie vectorielle du produit, peut se représenter, en un seul symbole, par $\mathcal{U}(\ )_{\mathbf{B}}$. On peut de même employer les symboles $\mathcal{U}._{\mathbf{B}}\times$, $\mathcal{S}(\ )_{\mathbf{B}}$, $\mathcal{S}._{\mathbf{B}}\times$, ..., comme nous aurons fréquemment occasion de le faire par la suite.

14. *Soient* ABC *un triangle,* G *le point moyen des sommets,* O *un point quelconque dans l'espace. On a*

$$\mathrm{gr}(AB^2 + BC^2 + CA^2) = 3\,\mathrm{gr}(OA^2 + OB^2 + OC^2) - \mathrm{gr}(3\,OG)^2.$$

Posons

$$OA = \mathbf{A}, \quad OB = \mathbf{B}, \quad OC = \mathbf{C}.$$

Alors

$$\mathbf{A} + \mathbf{B} + \mathbf{C} = 3\,OG = 3\,\mathbf{G}$$

et

$$(\mathbf{A} + \mathbf{B} + \mathbf{C})^2 = \mathbf{A}^2 + \mathbf{B}^2 + \mathbf{C}^2 + 2\,\mathcal{S}(\mathbf{AB} + \mathbf{BC} + \mathbf{CA}) = (3\,\mathbf{G})^2.$$

D'un autre côté,

$$(\mathbf{B} - \mathbf{A})^2 + (\mathbf{C} - \mathbf{B})^2 + (\mathbf{A} - \mathbf{C})^2$$
$$= 2(\mathbf{A}^2 + \mathbf{B}^2 + \mathbf{C}^2) - 2\,\mathcal{S}(\mathbf{AB} + \mathbf{BC} + \mathbf{CA}),$$

d'où, par addition,

$$(\mathbf{B} - \mathbf{A})^2 + (\mathbf{C} - \mathbf{B})^2 + (\mathbf{A} - \mathbf{C})^2 = 3(\mathbf{A}^2 + \mathbf{B}^2 + \mathbf{C}^2) - (3\,\mathbf{G})^2,$$

ce qui démontre le théorème, en changeant tous les signes pour passer aux modules.

15. *La somme des carrés des côtés d'un quadrilatère (plan ou gauche) est égale à la somme des carrés des diagonales, plus quatre fois le carré de la droite joignant les milieux des diagonales.*

Soit ABCD le quadrilatère. Posons $AB = A$, $AC = B$, $AD = C$. Les côtés sont représentés par les vecteurs A, $B - A$, $C - B$, C, les diagonales par B et $C - A$, et la droite qui joint leurs milieux par $\dfrac{A + C - B}{2}$. Or, on vérifie aisément que

$$A^2 + (B - A)^2 + (C - B)^2 + C^2$$
$$= B^2 + (C - A)^2 + (A + C - B)^2,$$

d'où le théorème énoncé, en passant aux modules.

**Relations entre les parties constituantes d'un quaternion.
Nouvelle notation d'un verseur.**

42. Reprenons l'expression d'un quaternion quelconque A, soit en le décomposant en ses quatre *éléments,*

$$(1) \qquad A = a_0 + a_1 i_1 + a_2 i_2 + a_3 i_3,$$

soit en mettant en évidence le *module* $a = \mathfrak{T}A$, l'*angle* α et l'*axe* A,

$$(2) \qquad A = a(\cos\alpha + \sin\alpha . A),$$

soit enfin en l'écrivant

$$(3) \qquad A = \mathfrak{S}A + \mathfrak{V}A = \mathfrak{T}A . \mathfrak{U}A;$$

la comparaison de ces formules nous montre que

$$(4) \qquad \mathfrak{S}A = a_0 = a\cos\alpha,$$

$$(5) \qquad \mathfrak{V}A = a_1 i_1 + a_2 i_2 + a_3 i_3 = a\sin\alpha . A,$$

$$(6) \qquad \mathfrak{T}.\mathfrak{V}A = \sqrt{a_1^2 + a_2^2 + a_3^2} = a\sin\alpha.$$

De là

$$(7) \qquad \mathfrak{S}A = \mathfrak{T}A \cos\alpha,$$

$$(8) \qquad \mathfrak{V}A = \mathfrak{T}A \sin\alpha . \mathfrak{U}A,$$

$$(9) \qquad \mathfrak{T}A = \sqrt{(\mathfrak{S}A)^2 + (\mathfrak{T}.\mathfrak{V}A)^2} = \sqrt{(\mathfrak{S}A)^2 - (\mathfrak{V}A)^2},$$

$$(10) \qquad \mathfrak{T}A = \sqrt{a_0^2 + a_1^2 + a_2^2 + a_3^2},$$

$$(11) \quad \operatorname{tang}\alpha = \frac{\mathfrak{T}.\mathfrak{V}A}{\mathfrak{S}A} = \frac{\sqrt{a_1^2 + a_2^2 + a_3^2}}{a_0}.$$

43. Soient AOB, BOC deux biradiales unitaires *coplanaires*, que représentent les verseurs $\cos\theta + \sin\theta.\,$D, $\cos\varphi + \sin\varphi.\,$D respectivement, l'axe D étant évidemment le même de part et d'autre.

Il est évident par la seule inspection de la figure, et l'on reconnaît également par le calcul de

$$(\cos\theta + \sin\theta.\text{D})(\cos\varphi + \sin\varphi.\text{D}),$$

que ce produit n'est autre que le verseur

$$\cos(\theta + \varphi) + \sin(\theta + \varphi)\text{D}.$$

Dans ce cas particulier des biradiales coplanaires, l'ordre des facteurs, comme on le voit, n'influe pas sur le produit.

Si nous posons d'une manière générale

$$(12) \qquad f(x) = \cos x + \sin x.\text{D},$$

le résultat ci-dessus nous montre que

$$(13) \qquad f(\theta).f(\varphi) = f(\theta + \varphi).$$

Cette propriété, caractéristique de la fonction exponentielle, nous amène à représenter le verseur

$$\cos x + \sin x.\text{D}$$

par la notation D^{φ}, l'angle droit étant pris pour unité. D'après cela, nous aurons, dans l'exemple ci-dessus,

$$AOB = D^{\theta}, \quad BOC = D^{\varphi}, \quad AOC = D^{\theta} D^{\varphi} = D^{\theta+\varphi}.$$

Cette notation exponentielle D^{θ}, pour exprimer un verseur quelconque, est souvent fort commode.

Si l'exposant θ est nul, le verseur est égal à l'unité; si $\theta = 1^{dr}$, le verseur se réduit à un vecteur; si $\theta = 2^{dr}$, on a

$$D^2 = -1.$$

D'une manière générale,

$$D^0 = 1, \quad D^1 = D, \quad D^2 = -1, \quad D^3 = -D, \quad D^4 = 1, \quad \ldots,$$

$$D^{-1} = -D, \quad D^{-2} = -1, \quad D^{-3} = D, \quad D^{-4} = 1, \quad D^{-5} = -D, \quad \ldots.$$

En un mot, D^{θ} exprime la rotation de toute figure plane perpendiculaire à D, s'effectuant autour de cet axe et avec une amplitude θ. Cette simple remarque nous montre encore qu'on a

$$(14) \qquad D^{-\theta} = (-D)^{\theta}.$$

D^{θ} et $D^{-\theta}$ sont évidemment des verseurs conjugués.

44. La notation exponentielle des verseurs nous permet de concevoir un quaternion quelconque comme une puissance d'un vecteur; car, si

$$\mathcal{A} = a(\cos\alpha + \sin\alpha . A) = a A^{\alpha},$$

nous pouvons poser

$$A' = a^{\frac{1}{\alpha}} A,$$

et, par conséquent, nous avons

$$(15) \qquad \mathcal{A} = A'^{\alpha}$$

Il est clair que A' n'est plus unitaire, en général.

Vecteurs, verseurs et quaternions réciproques.

45. Nous appelons (**25**) *réciproque* d'une expression quelconque le quotient de l'unité par cette expression.

D'après cela, et en vertu de la définition de la division (**28**), nous aurons, en appelant A l'expression donnée et X sa réciproque,

$$AX = 1.$$

Soit d'abord un vecteur unitaire A. On a

$$A^2 = A \cdot A = -1,$$

d'où

$$A\left(-A\right) = 1.$$

Le *réciproque d'un vecteur unitaire* est donc ce vecteur changé de signe. « Réciproque » et « conjugué » sont, dans ce cas, identiques.

Pour un vecteur quelconque, on aurait $A^2 = -(\mathfrak{T}A)^2$,

$$A\left[-\frac{A}{(\mathfrak{T}A)^2}\right] = 1,$$

et, par conséquent, le *réciproque d'un vecteur quelconque* s'obtient en changeant le signe et en divisant par le carré du module.

S'il s'agit maintenant d'un verseur

$$\mathfrak{U}A = \cos\theta + D\sin\theta = D^\theta,$$

on a (**43**)

$$D^\theta \cdot D^{-\theta} = D^0 = 1,$$

d'où

$$X = D^{-\theta} = \cos\theta - D\sin\theta.$$

Ainsi, le *réciproque d'un verseur* s'obtient en changeant le sens de son angle. Là encore, il n'y a pas de différence entre le réciproque et le conjugué.

Le *réciproque d'un quaternion A* est évidemment le produit de $\dfrac{1}{\mathfrak{C} A}$ par le réciproque du verseur $\mathfrak{U} A$; ou encore $\dfrac{1}{(\mathfrak{C} A)^2}$ cj A.

Remarques. — I. La multiplication de deux quaternions réciproques est commutative, puisque (**25**) il en est ainsi pour les biradiales que ces quaternions représentent.

II. Si B est le réciproque de A, A sera le réciproque de B. Car si $A = a\,\mathrm{A}^{\alpha}$,

$$B = \frac{1}{a}\,\mathrm{A}^{-\alpha} = b\,\mathrm{A}^{-\alpha},$$

et le réciproque de B est

$$\frac{1}{b}\,\mathrm{A}^{\alpha} = a\,\mathrm{A}^{\alpha} = A.$$

III. Le quotient $\dfrac{A}{B}$ de deux biradiales quelconques peut se mettre sous la forme $\dfrac{1}{B}\,A$. En effet, soit $\dfrac{A}{B} = Q$, d'où $A = BQ$. Opérant par $\dfrac{1}{B}\times$, il vient

$$\frac{1}{B}\,A = \frac{1}{B}\,BQ = Q = \frac{A}{B}.$$

Mais il faudrait bien se garder d'écrire pour ce quotient $A\,\dfrac{1}{B}$, cette expression $BQ\,\dfrac{1}{B}$ étant en général très différente de Q.

EXERCICES.

16. *Les centres des triangles équilatéraux construits extérieurement sur les trois côtés d'un triangle quelconque forment un triangle équilatéral dont le centre de gravité est le même que celui du triangle donné.*

Soient ABC le triangle donné, A', B', C' les sommets des triangles équilatéraux, P, Q, R leurs centres, κ un vecteur unitaire perpendiculaire au plan de la figure.

On a

$$CA' = CB.\kappa^{\frac{2}{3}}\,(^1), \quad BA' = CB.\kappa^{\frac{4}{3}},$$

ce qui nous donne

$$(1)\qquad \kappa^{\frac{2}{3}} - \kappa^{\frac{4}{3}} = 1.$$

Rapportant tous les points à une origine commune O, on a

$$A' = \left(B - C\right)\kappa^{\frac{2}{3}} + C,$$

et

$$P = \frac{A' + B + C}{3} = \frac{A' - A}{3}$$

si nous choisissons pour O le centre de gravité de ABC, ce qui donne $A + B + C = 0$. Donc

$$(2)\qquad P = \frac{1}{3}\left[\left(B - C\right)\kappa^{\frac{2}{3}} + C - A\right],$$

et de même

$$(3)\qquad Q = \frac{1}{3}\left[\left(C - A\right)\kappa^{\frac{2}{3}} + A - B\right],$$

$$(4)\qquad R = \frac{1}{3}\left[\left(A - B\right)\kappa^{\frac{2}{3}} + B - C\right].$$

(^{1}) Il importe de ne pas oublier que l'unité d'angle est toujours l'angle droit.

Multiplions la relation (2) par $\kappa^{\frac{4}{3}}$:

$$P\kappa^{\frac{4}{3}} = \frac{1}{3}\left[(B - C)\kappa^2 + (C - A)\kappa^{\frac{4}{3}}\right]$$
$$= \frac{1}{3}\left[-(B - C) + (C - A)\kappa^{\frac{2}{3}} - (C - A)\right]$$
$$= \frac{1}{3}\left[(C - A)\kappa^{\frac{2}{3}} + A - B\right] = Q,$$

en vertu de la relation (1). De même,

$$Q\kappa^{\frac{4}{3}} = R, \qquad R\kappa^{\frac{4}{3}} = P \qquad \text{ou} \qquad \frac{P}{R} = \frac{Q}{P} = \frac{R}{Q},$$

ce qui démontre que le triangle PQR est bien équilatéral.

L'addition des formules (2), (3), (4) donne $P + Q + R = 0$, de sorte que le centre de gravité de PQR est l'origine, c'est-à-dire le centre de gravité de ABC.

Remarque. — Cette dernière propriété peut s'étendre aux cas de triangles semblables quelconques construits sur les côtés d'un polygone plan. Le point moyen des sommets extérieurs de ces triangles sera le même que le point moyen des sommets du polygone. En effet, en appelant κ un certain vecteur (non unitaire) perpendiculaire au plan de la figure, on pourra écrire

$$BP = BA \cdot \kappa^0, \qquad P - B = (B - A)\kappa^0,$$

et de même

$$Q - C = (C - B)\kappa^0, \quad R - D = (D - C)\kappa^0, \quad \ldots,$$
$$U - A = (A - M)\kappa^0,$$

d'où, par addition,

$$(P + Q + R + \ldots + U) - (B + C + \ldots + M + A) = 0,$$

ce qui démontre la propriété en question.

17. *Trouver le cosinus d'un angle d'un triangle sphérique, en fonction des côtés.*

Soient ABC le triangle et O le centre de la sphère (de rayon égal à l'unité). On a

$$\mathrm{COB} = \mathrm{COA}.\mathrm{AOB} \quad \text{ou} \quad \frac{B}{C} = \frac{A}{C}\cdot\frac{B}{A}.$$

Les parties réelles de $\dfrac{B}{C}$, $\dfrac{A}{C}$, $\dfrac{C}{A}$ étant respectivement $\cos a$, $\cos b$, $\cos c$, nous pouvons écrire

$$\cos a + \mathfrak{v}\,\frac{B}{C} = \left(\cos b + \mathfrak{v}\,\frac{A}{C}\right)\left(\cos c + \mathfrak{v}\,\frac{B}{A}\right).$$

Prenant les parties réelles des deux membres,

$$\cos a = \cos b \cos c + \mathfrak{S}\left(\mathfrak{v}\,\frac{A}{C}.\,\mathfrak{v}\,\frac{B}{A}\right).$$

Or $\mathfrak{v}\,\dfrac{A}{C}$, $\mathfrak{v}\,\dfrac{B}{A}$ sont deux vecteurs respectivement perpendiculaires aux plans COA, AOB et dont les modules sont $\sin b$, $\sin c$. Donc (37)

$$\mathfrak{S}\left(\mathfrak{v}\,\frac{A}{C}.\,\mathfrak{v}\,\frac{B}{A}\right) = \sin b \sin c \cos A$$

et

$$\cos a = \cos b \cos c + \sin b \sin c \cos A.$$

Il est essentiel de remarquer que l'angle des vecteurs $\mathfrak{v}\,\dfrac{A}{C}$, $\mathfrak{v}\,\dfrac{B}{A}$ est le *supplément* de l'angle A. C'est pour cela qu'on a $+\cos A$, et non pas $-\cos A$, dans la formule obtenue.

Produits de plusieurs facteurs.

46. Si l'on a à effectuer le produit de plusieurs quaternions

$$A = \mathrm{a}\mathrm{A}^\alpha, \quad B = \mathrm{b}\mathrm{B}^\beta, \quad C = \mathrm{c}\mathrm{C}^\gamma, \quad \dots$$

par exemple, on pourra écrire

$$ABC\dots = \mathrm{abc}\dots\mathrm{A}^\alpha\mathrm{B}^\beta\mathrm{C}^\gamma\dots,$$

de sorte qu'on sera ramené à des multiplications de verseurs.

Si les quaternions sont donnés sous la forme

$$a_0 + a_1 \mathbf{I}_1 + a_2 \mathbf{I}_2 + a_3 \mathbf{I}_3 + \ldots,$$

il suffira de développer le produit

$$(a_0 + a_1 \mathbf{I}_1 + a_2 \mathbf{I}_2 + a_3 \mathbf{I}_3)$$
$$\times (b_0 + b_1 \mathbf{I}_1 + b_2 \mathbf{I}_2 + b_3 \mathbf{I}_3)(c_0 + c_1 \mathbf{I}_1 + c_2 \mathbf{I}_2 + c_3 \mathbf{I}_3) \ldots$$

en se conformant aux règles établies pour les unités symboliques $\mathbf{I}_1$, $\mathbf{I}_2$, $\mathbf{I}_3$.

Les divisions se ramèneront à des multiplications en introduisant les conjugués, puisque, ainsi que nous l'avons vu plus haut,

$$\frac{1}{A} = \frac{1}{a^2}\,\overline{A}.$$

47. Supposons qu'on ait

$$ABCD = E.$$

En opérant par $\frac{1}{A}\times$, nous aurons

$$BCD = \frac{1}{A}E = \frac{\overline{A}E}{a^2}.$$

En opérant par $\times\frac{1}{D}$, nous aurions eu

$$ABC = \frac{E\overline{D}}{d^2}.$$

En répétant les mêmes opérations sur les autres facteurs, il viendrait aussi

$$CD = \frac{\overline{B}\,\overline{A}E}{b^2 a^2}, \quad AB = \frac{E\overline{D}\,\overline{C}}{d^2 c^2}, \quad \ldots$$

En un mot, on peut toujours faire passer un facteur d'un membre dans l'autre, pourvu qu'on le maintienne à droite s'il était à droite, à gauche s'il était à gauche, et qu'on le change en son réciproque.

Cette observation permet d'isoler à volonté tel facteur qu'on voudra et d'en obtenir la valeur au moyen de la relation donnée.

48. Lorsqu'on a un produit de plusieurs vecteurs

$$\text{ABC}\ldots\text{FGH} = P,$$

on tire de cette relation

$$(-1)\,\text{ABC}\ldots\text{FG} = P\,\frac{\text{H}}{\text{h}^2},$$

puis

$$(-1)^2\,\text{ABC}\ldots\text{F} = P\,\frac{\text{HG}}{\text{h}^2\,\text{g}^2},$$

$$\ldots\ldots\ldots\ldots\ldots\ldots\ldots,$$

$$(-1)^n = P\,\frac{\text{HG}\ldots\text{GBA}}{\text{h}^2\text{g}^2\ldots\text{c}^2\text{b}^2\text{a}^2} = \frac{P}{(\mathcal{C}P^2)}\,\text{HG}\ldots\text{CBA},$$

n représentant le nombre des facteurs, d'où, opérant par $\frac{1}{P}$, on obtient

$$\overline{P} = (-1)^n\,\text{HG}\ldots\text{CBA}.$$

Ainsi

$$\text{cj}\,(\text{ABC}\ldots\text{GH}) = (-1)^n\,\text{HG}\ldots\text{CBA}.$$

EXERCICES.

18. *Le produit des vecteurs représentant les côtés d'un quadrilatère inscriptible, ces côtés étant pris dans leur ordre, est une quantité réelle.*

Soient ABCD (*fig.* 19) le quadrilatère; α, β, γ, δ les angles extérieurs en A, B, C, D; A, B, C, D des vecteurs unitaires suivant AB, BC, CD, DA respectivement; K un vecteur unitaire perpendiculaire au plan de la figure.

Nous avons

$$\text{B} = \text{AK}^{\beta}, \quad \text{d'où} \quad \text{AB} = -\text{K}^{\beta},$$

$$\text{D} = \text{CK}^{\delta}, \quad \text{d'où} \quad \text{CD} = -\text{K}^{\delta},$$

et par conséquent

$$\text{ABCD} = \text{K}^{\beta+\delta}.$$

Si le quadrilatère est inscriptible, $\beta + \delta = 2$, et par suite

Fig. 19.

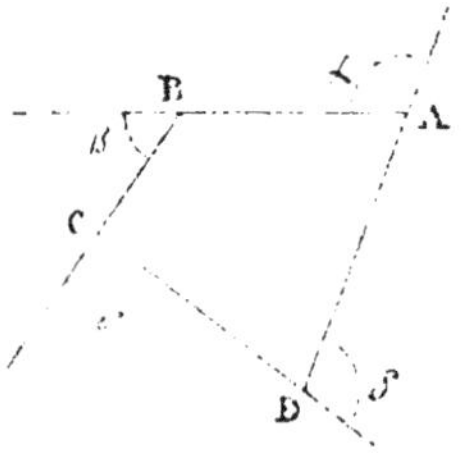

ABCD $= -1$, d'où, en appelant a, b, c, d les modules des côtés,

$$(1) \qquad \text{AB} . \text{BC} . \text{CD} . \text{DA} = -abcd.$$

On trouverait de même, en partant de $\text{A} = \text{BK}^{-\beta}$, $\text{C} = \text{DK}^{-\delta}$,

$$(2) \qquad \text{DA} . \text{CD} . \text{BC} . \text{AB} = -abcd.$$

Corollaires. — I. On tire de (1), en opérant par $\times \dfrac{1}{\text{DA}}$ ou $\times \left(-\dfrac{\text{DA}}{d^2} \right)$,

$$\text{AB} . \text{BC} . \text{CA} = \frac{abc}{d} \text{DA}.$$

Ainsi, *le produit des vecteurs représentant trois côtés consécu-*

tifs d'un quadrilatère inscriptible est un vecteur dirigé suivant le quatrième côté.

II. En supposant que le point **D** se rapproche indéfiniment de A sans que le quadrilatère cesse d'être inscriptible, on voit que *le produit des vecteurs représentant les trois côtés successifs d'un triangle est un vecteur tangent au cercle circonscrit, au sommet qui a servi de point de départ.*

19. *Le produit des vecteurs représentant les côtés successifs d'un quadrilatère quelconque (plan ou gauche) est une biradiale dont le plan est tangent à la sphère circonscrite au sommet qui a servi de point de départ.*

En effet, AT, AU représentant deux vecteurs tangents à la sphère en A, on a, d'après le corollaire II de l'exercice précédent,

$$\mathrm{AB.BC.CA} = x.\mathrm{AT}, \quad \mathrm{AC.CD.DA} = y.\mathrm{AU}.$$

Multipliant et remarquant que **CA.AC** est une quantité réelle,

$$\mathrm{AB.BC.CD.DA} = z.\mathrm{AT.AU} = z'\,\frac{\mathrm{AU}}{\mathrm{AT}}.$$

L'axe de cette biradiale est donc dirigé suivant le rayon OA du point de contact, et, par conséquent,

$$\mho\,(\mathrm{AB.BC.CD.DA}) \parallel \mathrm{OA}.$$

Corollaire. — Cette propriété permet évidemment d'*inscrire à une sphère donnée un quadrilatère dont les côtés soient parallèles à des droites données.*

20. *Le produit des vecteurs représentant les côtés successifs d'un pentagone (plan ou gauche) inscrit dans une sphère est un vecteur tangent à la sphère au point de départ.*

Soit ABCDE le pentagone. On a

$$\mathrm{AB.BC.CA} = x.\mathrm{AT}, \quad \mathrm{AC.CD.DA} = y.\mathrm{AU},$$
$$\mathrm{AD.DE.EA} = z.\mathrm{AV},$$

AT, AU, AV étant trois vecteurs tangents à la sphère en A, d'où,
par multiplication,

$$AB.BC.CD.DE.EA = t.AT.AU.AV,$$

ce qui (exercice **18,** corollaire II) nous donne encore un vecteur dans le plan tangent.

Expression géométrique de S_{ABC}.

49. Soient $A = OA$, $B = OB$, $C = OC$ trois vecteurs
de même origine, a, b, c leurs modules, θ l'angle COB,
φ l'angle que forme OA avec le plan COB.

Nous avons

$$ABC = A\left(S_{BC} + V_{BC}\right) = A\,S_{BC} + A\,V_{BC}.$$

La première partie du second membre est un vecteur.
Donc, prenant les parties réelles (ou *opérant par* $S.$), il
vient

$$S_{ABC} = S.A\,V_{BC}.$$

Or (37) V_{BC} est un vecteur perpendiculaire au plan COB,
tel que la rotation de C vers B soit positive, et dont le
module est $bc\sin\theta$. L'angle de OA avec ce vecteur sera
complémentaire de φ, et, par conséquent (37), on aura
pour la partie réelle du produit

$$S_{ABC} = \pm\, abc\sin\theta\sin\varphi.$$

Mais $a\sin\varphi$ représente la hauteur (issue du sommet A)
du tétraèdre OABC; $bc\sin\theta$ représente le double de la
base OBC.

Donc S_{ABC} représente, avec le signe $\pm$, le volume du
parallélépipède construit sur OA, OB, OC, ou encore six
fois le volume du tétraèdre OABC.

Les signes dépendent de l'angle que forment A et V_{BC}.
Par suite, en convenant d'affecter d'un signe les volumes

eux-mêmes, il nous sera permis d'écrire, en supprimant le signe $\pm$,

$$S_{ABC} = 6 \, \mathrm{vol} \, OABC.$$

Il est aisé de reconnaître, d'après cela, dans quels cas les volumes devront être considérés comme positifs ou négatifs. Il suffira de regarder le triangle ABC en se plaçant du côté opposé au point O, c'est-à-dire en dehors du tétraèdre. Suivant que la rotation dans le sens ABC sera positive ou négative, le volume OABC sera lui-même positif ou négatif; c'est ce qu'on reconnaît immédiatement par une simple inspection de la figure, en se rappelant bien les règles et conventions précédemment établies.

50. Il est à remarquer que le volume OABC peut aussi bien s'écrire $\frac{1}{6} S (OA.AB.BC)$ que $\frac{1}{6} S (OA.OB.OC)$.

En effet,

$$A \left(B - A \right) \left(C - B \right) = ABC - AB^2 - A^2 C + A^2 B,$$

et l'on voit que la partie réelle se réduit à S_{ABC}.

51. Si OA, OB, OC sont dans un même plan, on voit que $S_{ABC} = 0$; réciproquement, lorsque $S_{ABC} = 0$, aucun des vecteurs A, B, C n'étant nul, ces trois vecteurs sont nécessairement coplanaires.

Cela nous fournit donc un moyen très simple d'exprimer la condition pour que trois vecteurs soient situés dans un même plan.

Interprétation de $V(V_{AB}.V_{BC})$.

52. On sait (37) que $V_{AB} = D$ est un vecteur perpendiculaire à A et B; $V_{BC} = E$ est de même un vecteur perpendiculaire à B et C; par conséquent, V_{DE} sera un vecteur à la fois perpendiculaire à D et E, qui ne pourra avoir une autre direction que B.

Ainsi

$$\mathfrak{V}\left(\mathfrak{V}_{\mathrm{AB}}.\mathfrak{V}_{\mathrm{BC}}\right) = k\,\mathrm{B}.$$

Le module de ce vecteur est

$$4\,\text{aire}\,\mathrm{OAB} \times \text{aire}\,\mathrm{OBC} \times \sin\mathrm{B},$$

en appelant B le dièdre OB.

Relations avec les coordonnées cartésiennes.

53. Soient x_1, x_2, x_3 les coordonnées d'un point X rapporté à trois axes rectangulaires. Le vecteur $\mathrm{OX} = \mathrm{x}$ pourra alors s'écrire, si l'on se reporte aux notations précédentes, sous la forme

$$\mathrm{x} = x_1\mathrm{I}_1 + x_2\mathrm{I}_2 + x_3\mathrm{I}_3.$$

Si nous opérons par $\mathfrak{S}.\mathrm{I}_1\times$, les deux derniers termes du second membre disparaîtront et nous aurons

$$\mathfrak{S}\,\mathrm{I}_1\,\mathrm{x} = -\,x_1.$$

De même,

$$\mathfrak{S}\,\mathrm{I}_2\,\mathrm{x} = -\,x_2, \quad \mathfrak{S}\,\mathrm{I}_3\,\mathrm{x} = -\,x_3.$$

Donc

$$\mathrm{x} = -\left(\mathrm{I}_1\,\mathfrak{S}\,\mathrm{I}_1\,\mathrm{x} + \mathrm{I}_2\,\mathfrak{S}\,\mathrm{I}_2\,\mathrm{x} + \mathrm{I}_3\,\mathfrak{S}\,\mathrm{I}_3\,\mathrm{x}\right),$$

quel que soit x.

On a, en particulier,

$$\left(\mathfrak{S}\,\mathrm{I}_1\,\mathrm{x}\right)^2 + \left(\mathfrak{S}\,\mathrm{I}_2\,\mathrm{x}\right)^2 + \left(\mathfrak{S}\,\mathrm{I}_3\,\mathrm{x}\right)^2 = \left(\mathfrak{C}\,\mathrm{x}\right)^2 = x_1^2 + x_2^2 + x_3^2.$$

On pourrait aussi mettre le vecteur x sous la forme

$$\mathrm{x} = x_1\mathrm{A}_1 + x_2\mathrm{A}_2 + x_3\mathrm{A}_3,$$

x_1, x_2, x_3 représentant les coordonnées du point X par rapport à un système d'axes non rectangulaires, et A_1, $\mathrm{A}_2, \mathrm{A}_3$ étant des vecteurs unitaires suivant ces axes.

54. Pour le cas des coordonnées rectangulaires, si $x = x_1 i_1 + x_2 i_2 + x_3 i_3$ et $y = y_1 i_1 + y_2 i_2 + y_3 i_3$, nous avons, en effectuant le produit et prenant les parties réelles,

$$S_{XY} = - (x_1 y_1 + x_2 y_2 + x_3 y_3),$$

car tous les autres termes sont vectoriels et par conséquent disparaissent.

Cette formule est d'un assez fréquent usage.

EXERCICE.

21. *Trouver le volume du tétraèdre ayant trois de ses sommets sur les trois axes coordonnés rectangulaires, en A_1, A_2, A_3, et le quatrième en un point quelconque X.*

Il est facile de voir (**49**) qu'en général

$$\operatorname{vol} XA_1 A_2 A_3 = \operatorname{vol} OA_1 A_2 A_3$$
$$+ \operatorname{vol} OA_3 A_2 X + \operatorname{vol} OA_2 A_1 X + \operatorname{vol} OA_1 A_3 X,$$

quel que soit O, pourvu qu'on tienne compte des signes des volumes.

Remplaçant A_1, A_2, A_3 par $a_1 i_1$, $a_2 i_2$, $a_3 i_3$ et X par

$$x_1 i_1 + x_2 i_2 + x_3 i_3$$

respectivement, il vient

$$\operatorname{vol} XA_1 A_2 A_3 = \tfrac{1}{6} S \left[a_1 a_2 a_3 i_1 i_2 i_3 \right.$$
$$\left. + \left(a_3 a_2 i_3 i_2 + a_2 a_1 i_2 i_1 + a_1 a_3 i_1 i_3 \right) (x_1 i_1 + x_2 i_2 + x_3 i_3) \right]$$
$$= \frac{a_1 a_2 a_3}{6} \left[1 + S . \left(\frac{i_1}{a_1} + \frac{i_2}{a_2} + \frac{i_3}{a_3} \right) (x_1 i_1 + x_2 i_2 + x_3 i_3) \right]$$
$$= \frac{a_1 a_2 a_3}{6} \left(1 - \frac{x_1}{a_1} - \frac{x_2}{a_2} - \frac{x_3}{a_3} \right).$$

Telle est l'expression du volume cherché.

EXERCICES PROPOSÉS SUR LE CHAPITRE II.

1. Sur les côtés d'un triangle ABC, rectangle en A, on construit les carrés extérieurs ABFG, ACHK, BCED : démontrer que les droites BK, FC se coupent en un point O situé sur la hauteur issue du sommet A.

2. Dans le cas de l'exercice précédent, démontrer que les grandeurs de $\dfrac{BO \cdot CO}{AO^2}$ et $\dfrac{BK \cdot CF}{BC^2}$ sont égales.

3. Démontrer, dans le même cas que celui des exercices précédents, que gr $(DF^2 + GH^2 + KE^2)$ est égale à trois fois la somme des carrés des côtés du triangle et qu'il en est ainsi quel que soit l'angle A.

4. La somme des carrés des trois côtés d'un triangle est égale à trois fois la somme des carrés des droites joignant les sommets au point moyen.

5. Dans tout quadrilatère, plan ou gauche, le produit de deux diagonales et du cosinus de l'angle qu'elles comprennent est égal à la somme ou à la différence des deux produits correspondants pour les couples de côtés opposés.

6. Si a, b, c sont trois arêtes contiguës d'un parallélépipède rectangle, le carré de l'aire du triangle formé par leurs extrémités est $a^2 b^2 + b^2 c^2 + c^2 a^2$.

7. Si deux couples d'arêtes opposées d'un tétraèdre sont séparément à angles droits, il en sera de même pour le troisième couple.

8. Chaque arête d'un tétraèdre est supposée égale à l'arête opposée : démontrer que les droites joignant les milieux des arêtes opposées sont perpendiculaires sur ces arêtes.

9. Du sommet O d'un tétraèdre **OABC** on mène jusqu'à la base une droite qui forme des angles égaux avec les trois faces OAB, OBC, OCA : démontrer que les aires OAB, OBC, OCA sont proportionnelles à **DAB, DBC, DCA**.

10. Soient $A_1 A_2 \ldots A_n$ un polyèdre inscrit dans une sphère, R le centre de cette sphère, O un point quelconque, G le point moyen de $A_1, A_2, \ldots, A_n$: démontrer que la puissance du point O par rapport à la sphère circonscrite au polyèdre est égale au double de la puissance de O par rapport à la sphère de diamètre GR, moins l'expression $\dfrac{OA_1^2 + OA_2^2 + \ldots + OA_n^2}{n}$.

11. ABCD est un tétraèdre, A', B', C', D' les centres de gravité des faces BCD, CDA, ... La somme des puissances d'un point quelconque par rapport aux sphères ayant pour diamètres AA', BB', CC', DD', et la somme des puissances du même point par rapport aux sphères ayant pour diamètres les six arêtes du tétraèdre, sont entre elles comme 2 est à 3.

12. La somme des puissances d'un point quelconque par rapport aux sphères ayant pour diamètres les quatre côtés d'un quadrilatère gauche est égale à quatre fois la puissance du même point par rapport à la sphère ayant pour diamètre la droite qui joint les milieux des diagonales.

CHAPITRE III.

LA LIGNE DROITE ET LE PLAN.

Équation de la ligne droite.

55. Soient c un vecteur (unitaire ou non) parallèle à la droite AX (*fig.* 20), et A le vecteur d'un point

Fig. 20.

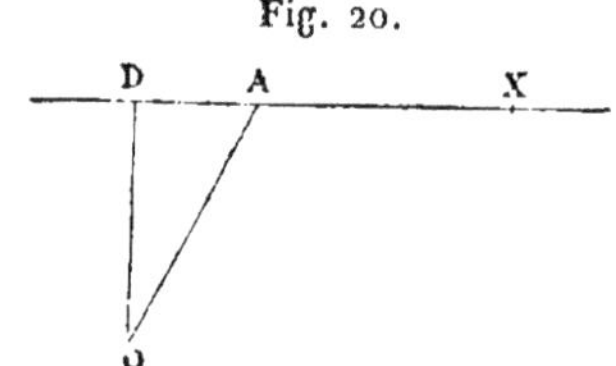

donné A de cette droite. Il est évident que le vecteur de tout point X de cette droite, ou OA + AX, est de la forme

$$(1) \qquad \mathrm{X} = \mathrm{A} + x\mathrm{c}.$$

Réciproquement, en donnant à x toutes les valeurs réelles possibles, cette équation (1) représentera tous les points de la droite AX. C'est donc l'équation de cette droite.

56. Si la droite est déterminée par deux de ses points A et B (au lieu de l'être par un point et par sa direction), on aura pour équation cette autre forme

$$(2) \qquad \mathrm{X} = \mathrm{A} + x(\mathrm{B} - \mathrm{A}) = (1 - x)\mathrm{A} + x\mathrm{B}.$$

57. Si la droite est déterminée par la perpendiculaire OD abaissée de l'origine et donnée en grandeur et en direction, l'équation (1) devient

$$\mathrm{x} = \mathrm{d} + x\,\mathrm{c}$$

et, en opérant par $\mathrm{S}.\mathrm{d} \times$,

$$(3) \qquad \mathrm{S}\,\mathrm{dx} = \mathrm{d}^2 = - (\mathbf{U}\mathrm{d})^2,$$

car $\mathrm{S}\,\mathrm{dc} = \mathrm{o}$ (37), puisque c et d sont perpendiculaires.

Remarque. — Il faut évidemment ajouter à l'équation (3) la condition que la figure est située dans un plan déterminé.

58. Soient donnés un point A de la droite et deux droites LL′, MM′, auxquelles elle doit être perpendiculaire.

Appelons L, M deux vecteurs quelconques suivant LL′, MM′; le vecteur $\mathbf{U}$LM sera perpendiculaire à toutes deux (37), et, par conséquent, l'équation (1) deviendra

$$(4) \qquad \mathrm{x} = \mathrm{a} + x\,.\,\mathbf{U}\mathrm{LM}.$$

Équation du plan.

59. Si OD = d est un vecteur représentant la perpendiculaire à un plan abaissée de l'origine, nous avons, en appelant X un point quelconque du plan, $\mathrm{S}\,\mathrm{d}(\mathrm{x} - \mathrm{d}) = \mathrm{o}$, c'est-à-dire

$$(1) \qquad \mathrm{S}\,\mathrm{dx} = \mathrm{d}^2 \quad \text{ou} \quad \mathrm{S}\,\frac{\mathrm{x}}{\mathrm{d}} = 1.$$

L'équation du plan a donc la même forme que l'équation (3) du n° **57.**

Remarques. — I. Si l'équation d'un plan est $S\,\mathrm{D}x = k$ (une constante), D est un vecteur perpendiculaire au plan.

II. Lorsque le plan passe par l'origine, l'équation (1) devient évidemment

$$S\,\mathrm{D}x = 0,$$

D représentant alors un vecteur fini quelconque de direction perpendiculaire au plan.

III. En appelant p un vecteur quelconque situé dans le plan ou parallèle au plan, on a

$$S\,\mathrm{D}p = 0.$$

60. Supposons le plan donné par trois de ses points A, B, C. Alors, X étant un quelconque des points du plan, les trois vecteurs AX, BX, CX sont coplanaires, et, par suite (51),

$$S\left(x - a\right)\left(x - b\right)\left(x - c\right) = 0.$$

En développant le produit, on reconnaît que cette équation peut s'écrire

$$Sx\left(ab + bc + ca\right) = Sabc$$

ou encore

$$(2) \qquad Sx(\mathrm{V}ab + \mathrm{V}bc + \mathrm{V}ca) = Sabc.$$

En comparant avec l'équation (1), on voit que

$$\mathrm{V}ab + \mathrm{V}bc + \mathrm{V}ca$$

est perpendiculaire au plan, et que le vecteur perpendiculaire issu de l'origine est, en grandeur et en direction,

$$Sabc(\mathrm{V}ab + \mathrm{V}bc + \mathrm{V}ca)^{-1}.$$

On peut encore (14) mettre l'équation d'un plan, passant par trois points donnés, sous la forme

$$(3) \qquad \mathrm{X} = t\mathrm{A} + u\mathrm{B} + v\mathrm{C},$$

les indéterminées t, u, v satisfaisant à la condition

$$t + u + v = 1.$$

61. L'équation d'un plan passant par un point donné A et perpendiculaire à une droite donnée D est (59) de la forme

$$\mathfrak{S}\,\mathrm{DX} = k.$$

Mais, puisque le plan passe par A, on a

$$\mathfrak{S}\,\mathrm{DA} = k,$$

d'où, par soustraction,

$$\mathfrak{S}\,\mathrm{D}(\mathrm{X} - \mathrm{A}) = 0$$

ou

$$(4) \qquad \mathfrak{S}\,\mathrm{DX} = \mathfrak{S}\,\mathrm{DA}.$$

62. Supposons que le plan passe par un point donné A et soit parallèle à deux droites données B et B_1. Joignons AX ; les trois vecteurs $\mathrm{X} - \mathrm{A}, \mathrm{B}, \mathrm{B}_1$ sont coplanaires. Donc l'équation est

$$(5) \qquad \mathfrak{S}(\mathrm{X} - \mathrm{A})\,\mathrm{BB}_1 = 0 \quad \text{ou} \quad \mathfrak{S}(\mathrm{X} - \mathrm{A})\,\mathfrak{V}\,\mathrm{BB}_1 = 0.$$

On peut encore l'écrire

$$(6) \qquad \mathrm{X} = \mathrm{A} + x\mathrm{B} + x_1\mathrm{B}_1.$$

63. Soit qu'on demande l'équation d'un plan passant par deux points donnés A, B, et perpendiculaire à un plan donné dont l'équation est $\mathfrak{S}\,\mathrm{DX} = k$.

Les trois vecteurs $\mathrm{X} - \mathrm{A}, \mathrm{A} - \mathrm{B}$ et D sont coplanaires,

X étant un point quelconque du plan donné. Donc

$$\mathfrak{S}(\mathrm{x} - \mathrm{a})(\mathrm{a} - \mathrm{b})\mathrm{d} = 0$$

ou

$$(7) \qquad \mathfrak{S}\,\mathrm{x}\,(\mathrm{a} - \mathrm{b})\mathrm{d} = 0$$

est l'équation cherchée.

Perpendiculaire abaissée d'un point sur une droite ou sur un plan.

64. Soit qu'on abaisse de l'origine une perpendiculaire sur la droite [55 (1)] ; D étant le pied de cette perpendiculaire, nous avons

$$\mathrm{d} = \mathrm{a} + x\mathrm{c} \quad \text{et} \quad \mathfrak{S}\,\mathrm{dc} = 0.$$

Donc, opérant par $\mathfrak{S}\,.\,\mathrm{c}\times$,

$$0 = \mathfrak{S}\,\mathrm{ca} + x\mathrm{c}^2,$$

d'où

$$x = -\frac{\mathfrak{S}\,\mathrm{ca}}{\mathrm{c}^2} \quad \text{et} \quad \mathrm{d} = \mathrm{a} - \frac{\mathfrak{S}\,\mathrm{ca}}{\mathrm{c}}.$$

Quant à la longueur de cette perpendiculaire, nous l'aurons en opérant par $\mathfrak{S}\,.\,\mathrm{d}\times$ sur l'équation de la droite, ce qui donnera

$$\mathrm{d}^2 = \mathfrak{S}\,\mathrm{ad} \quad \text{ou} \quad -(\mathfrak{T}\mathrm{d})^2 = \mathfrak{T}\mathrm{d}\,.\,\mathfrak{S}\,\mathrm{a}\,\mathfrak{U}\mathrm{d},$$

d'où

$$(1) \qquad \mathfrak{T}\mathrm{d} = -\mathfrak{S}\,\mathrm{a}\,\mathfrak{U}\mathrm{d}.$$

65. Pour la perpendiculaire abaissée de l'origine sur un plan, on a toujours, avec l'une quelconque des formes précédentes, la direction de la perpendiculaire, et la longueur sera donnée par la formule (1) ci-dessus, a étant le vecteur d'un point quelconque du plan.

66. Pour résoudre le même problème par rapport à un point quelconque P au lieu de l'origine, il suffira évidemment, dans les résultats, de remplacer le vecteur de chaque point, M par exemple, par M — P. Ainsi la longueur de la perpendiculaire abaissée du point P sur un plan sera

$$- \mathfrak{S}(\text{A} - \text{P})\mathfrak{U}\,\text{D} = \mathfrak{S}(\text{P} - \text{A})\mathfrak{U}\,\text{D}.$$

Par exemple, l'équation d'un plan étant donnée sous la forme $\mathfrak{S}\,\text{DX} = k$, le point $\dfrac{k}{\text{D}}$ appartient à ce plan, et la distance du point P au même plan sera

$$\mathfrak{S}\left(\text{P} - \frac{k}{\text{D}}\right)\mathfrak{U}\,\text{D} \quad \text{ou} \quad \frac{1}{\mathfrak{C}\,\text{D}}\left(\mathfrak{S}\,\text{PD} - k\right).$$

Perpendiculaire commune à deux droites.

67. Soient

$$\text{X} = \text{A} + x\,\text{B}, \quad \text{X}_1 = \text{A}_1 + x_1\,\text{B}_1$$

les équations de deux droites, et PP_1 la perpendiculaire commune. Cette perpendiculaire aura même direction que $\mathfrak{V}\,\text{BB}_1$ (58). Donc

$$\text{P} - \text{P}_1 = \text{A} - \text{A}_1 + x\,\text{B} - x_1\,\text{B}_1 = y\,\mathfrak{V}\,\text{BB}_1.$$

Opérant par $\mathfrak{S}.\text{BB}_1 \times$,

$$\mathfrak{S}.\text{BB}_1(\text{A} - \text{A}_1) = y\,\mathfrak{S}(\text{BB}_1\,\mathfrak{V}\,\text{BB}_1) = y\,(\mathfrak{V}\,\text{BB}_1)^2;$$

de là

$$\text{P} - \text{P}_1 = y\,\mathfrak{V}\,\text{BB}_1 = \frac{\mathfrak{S}.\text{BB}_1(\text{A} - \text{A}_1)}{\mathfrak{V}\,\text{BB}_1}.$$

Ce vecteur $\text{P} - \text{P}_1$ étant ainsi complètement déterminé et égal à D, par exemple, il vient

$$\text{A} - \text{A}_1 + x\,\text{B} - x_1\,\text{B}_1 = \text{D}.$$

Opérant par $\mathfrak{V}._\mathrm{B}\times$, on trouve $x_{1}=\dfrac{\mathfrak{V}._\mathrm{B}(\mathrm{A}-\mathrm{A}_{1}-\mathrm{D})}{\mathfrak{V}_\mathrm{BB_{1}}}$,

et

$$\mathrm{P}_{1}=\mathrm{A}_{1}+\frac{\mathfrak{V}._\mathrm{B}(\mathrm{A}-\mathrm{A}_{1}-\mathrm{D})}{\mathfrak{V}_\mathrm{BB_{1}}}\,\mathrm{B}_{1}.$$

De même

$$\mathrm{P}=\mathrm{A}+\frac{\mathfrak{V}._\mathrm{B_{1}}(\mathrm{A}-\mathrm{A}_{1}-\mathrm{D})}{\mathfrak{V}_\mathrm{BB_{1}}}\,\mathrm{B}.$$

La perpendiculaire commune se trouve donc déterminée par ses deux extrémités.

Intersection de deux plans.

68. Soient deux plans passant par l'origine et ayant pour équations $\mathfrak{S}_\mathrm{AX}=\mathrm{o}$, $\mathfrak{S}_\mathrm{BX}=\mathrm{o}$. L'intersection passe par l'origine et elle est à la fois perpendiculaire aux deux vecteurs A, B. L'équation de cette intersection est donc

$$\mathrm{X}=x\,\mathfrak{V}_\mathrm{AB}.$$

69. Soient maintenant deux plans quelconques ayant pour équations

$$(1) \qquad \mathfrak{S}_\mathrm{AX}=a,$$

$$(2) \qquad \mathfrak{S}_\mathrm{BX}=b.$$

L'intersection a toujours pour direction $\mathfrak{V}_\mathrm{AB}$, et il suffit, par conséquent, d'en déterminer un point quelconque. Soit $\mathrm{X}=u\mathrm{A}+v\mathrm{B}$ le vecteur de ce point. Opérant par $\mathfrak{S}.\mathrm{A}\times$, puis par $\mathfrak{S}.\mathrm{B}\times$, nous aurons

$$a=u\mathrm{A}^{2}+v\,\mathfrak{S}_\mathrm{AB}, \qquad b=v\mathrm{B}^{2}+u\,\mathfrak{S}_\mathrm{AB};$$

de là

$$u=\frac{b\,\mathfrak{S}_\mathrm{AB}-a\mathrm{B}^{2}}{(\mathfrak{S}_\mathrm{AB})^{2}-\mathrm{A}^{2}\mathrm{B}^{2}}, \qquad v=\frac{a\,\mathfrak{S}_\mathrm{AB}-b\mathrm{A}^{2}}{(\mathfrak{S}_\mathrm{AB})^{2}-\mathrm{A}^{2}\mathrm{B}^{2}}$$

ou $[39, (7)]$

$$u = \frac{b\,\mathcal{S}_{AB} - a\,\mathbf{B}^2}{(\mathcal{V}_{AB})^2}, \qquad v = \frac{a\,\mathcal{S}_{AB} - b\,\mathbf{A}^2}{(\mathcal{V}_{AB})^2}.$$

Les coefficients u et v étant connus, l'équation de l'intersection sera

$$(3) \qquad \mathrm{X} = u\mathrm{A} + v\mathrm{B} + x\,\mathcal{V}_{AB}.$$

Remarques. — I. Le vecteur $u\mathrm{A} + v\mathrm{B}$ représente la perpendiculaire abaissée de l'origine sur l'intersection des deux plans.

II. L'équation d'un plan passant par l'origine et perpendiculaire à l'intersection est

$$\mathcal{S}_{\mathrm{X}}\mathcal{V}_{AB} = 0 \quad \text{ou} \quad \mathcal{S}_{\mathrm{X}\,AB} = 0.$$

III. L'équation d'un plan passant par l'origine et par l'intersection des deux plans (1) et (2) s'obtiendrait en écrivant

$$\mathcal{S}\left(\frac{\mathrm{A}}{a} - \frac{\mathrm{B}}{b}\right)\mathrm{X} = 0.$$

En effet, cette équation est celle d'un plan passant par l'origine, et, si l'on y prend x tel que $\mathcal{S}_{\mathrm{AX}} = a$, il s'ensuit $\mathcal{S}_{\mathrm{BX}} = b$.

EXERCICES.

22. *Lieu des milieux des droites se terminant à deux droites données.*

Si $\mathrm{X} = \mathrm{A} + x\mathrm{B}$, $\mathrm{X}_1 = \mathrm{A}_1 + x_1\mathrm{B}_1$ sont les équations des deux droites (55), le milieu Y de XX_1 sera donné par $\dfrac{\mathrm{X} + \mathrm{X}_1}{2}$. Donc

$$\mathrm{Y} = \frac{\mathrm{A} + \mathrm{A}_1}{2} + \frac{x}{2}\mathrm{B} + \frac{x_1}{2}\mathrm{B}_1,$$

équation d'un plan [62, (6)] parallèle à B et B_1. Le lieu cherché est donc un plan.

REMARQUE. — Si l'on avait $B_1 \parallel B$, l'équation ne contiendrait plus qu'un coefficient indéterminé, et le lieu cherché serait, non plus un plan, mais une droite.

23. *Lieu des milieux des droites de longueur donnée, se terminant à deux droites données.*

Prenons pour origine le milieu de la perpendiculaire commune, et soient A, A_1 les extrémités de cette perpendiculaire.

Alors $X = A + x B$, $X_1 = -A + x_1 B_1$, et l'on a de plus $S_{AB} = 0$, $S_{AB_1} = 0$. Le vecteur du milieu de XX_1 est

$$Y = \tfrac{1}{2}\left(x B + x_1 B_1\right).$$

De là

$$(1) \qquad S_{AY} = 0,$$

$$(2) \qquad 2 S_{BY} = -x + x_1 S_{BB_1},$$

$$(3) \qquad S_{B_1 Y} = x S_{BB_1} - x_1,$$

en supposant que nous ayons pris pour B, B_1 des vecteurs unitaires.

De plus, $\mathfrak{C}(X - X_1) = \mathfrak{C}(2A + x B - x_1 B_1) = k$, et, en élevant au carré,

$$(4) \qquad 4 A^2 + x^2 B^2 - x_1^2 B_1^2 - 2 x x_1 S_{BB_1} = -k^2.$$

Si l'on résout les équations (2), (3) par rapport à x, x_1 et si l'on porte ces valeurs dans l'équation (4), on aura une équation du second degré renfermant Y. Nous verrons plus loin que les équations de cette forme représentent des surfaces du second ordre.

Le point Y étant situé en outre dans le plan que représente l'équation (1), le lieu sera l'intersection d'un plan et d'une surface du second ordre, c'est-à-dire une conique. Par la nature même de l'énoncé, cette conique ne peut s'étendre à l'infini; c'est, par conséquent, une ellipse.

24. *Lieu d'un point tel que le rapport de ses distances à un point fixe et à une droite fixe soit constant.*

Soient O le point fixe (pris pour origine), OA une perpendiculaire à la droite, в un vecteur unitaire suivant cette droite, X un point du lieu, XQ la distance du point X à la droite. Nous avons

$$XQ = Q - X = A + y\text{в} - X = x\text{A}.$$

Opérant par $S \cdot A \times$, cela nous donne

$$\text{A}^2 - S\text{AX} = x\text{A}^2,$$

car $S\text{AB} = 0$. Mais la condition du problème $\dfrac{TX}{TXQ} = k$ est exprimée par

$$\text{X}^2 = k^2 x^2 \text{A}^2.$$

On a donc

$$\text{A}^2 \text{X}^2 = k^2 \left(\text{A}^2 - S\text{AX} \right)^2,$$

équation d'une surface du second ordre.

COROLLAIRE. — En coupant cette surface par un plan, on a le même lieu géométrique, restreint à ce plan. C'est donc une conique.

25. *Un plan mobile détache d'un trièdre trirectangle un tétraèdre de volume constant. Trouver le lieu du pied de la hauteur de ce tétraèdre, abaissée du sommet du trièdre.*

Soient $\alpha_1 \iota_1$, $\alpha_2 \iota_2$, $\alpha_3 \iota_3$ les vecteurs des points d'intersection du plan mobile avec les trois arêtes. Alors $\alpha_1 \alpha_2 \alpha_3 = k$, une constante. Si X est le pied de la hauteur, nous avons

$$S\text{X}(\text{X} - \alpha_1 \iota_1) = 0,$$

d'où

$$\text{X}^2 = \alpha_1 S\text{X}\iota_1,$$

et de même

$$\text{X}^2 = \alpha_2 S\text{X}\iota_2, \quad \text{X}^2 = \alpha_3 S\text{X}\iota_3.$$

L. — *Quaternions.*

Multipliant ces trois équations,

$$\mathrm{x}^6 = k\, \mathfrak{S}\,\mathrm{x}\mathrm{i}_1\, \mathfrak{S}\,\mathrm{x}\mathrm{i}_2\, \mathfrak{S}\,\mathrm{x}\mathrm{i}_3.$$

équation du lieu cherché.

En appelant x_1, x_2, x_3 les coordonnées du point **X**, on peut encore écrire (**53**) sous forme ordinaire

$$\left(x_1^2 + x_2^2 + x_3^2 \right)^3 = k\, x_1 x_2 x_3.$$

26. *Un plan mené par les milieux de deux arêtes opposées d'un tétraèdre le divise en deux parties équivalentes.*

Soient (*fig.* 21) OABC le tétraèdre, L, M les milieux de OA

Fig. 21.

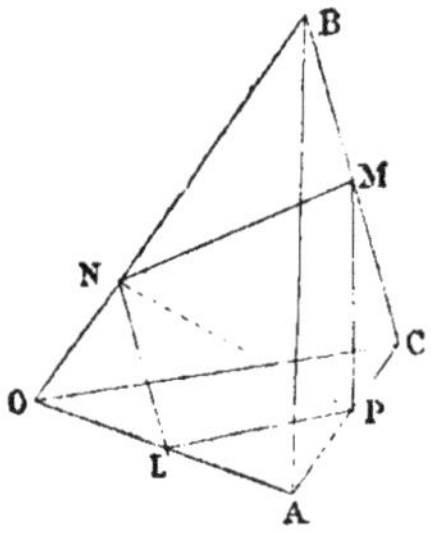

et de BC; nous avons

(1) $\quad$ vol(OCLMNP) $=$ vol(OLNP) $+$ vol(OPNM) $+$ vol(OMCP).

Posons OA $=$ A, OB $=$ B, OC $=$ C. Alors

$$\mathrm{OL} = \mathrm{L} = \frac{\mathrm{A}}{2}, \quad \mathrm{OM} = \mathrm{M} = \frac{\mathrm{B}+\mathrm{C}}{2}.$$

Soit ON $=$ N $= \lambda\mathrm{B}$ le point où le plan sécant rencontre l'arête OB. Alors l'équation de ce plan sera

$$(2) \qquad \mathrm{X} = x\mathrm{L} + y\mathrm{M} + z\mathrm{N} = x\,\frac{\mathrm{A}}{2} + y\,\frac{\mathrm{B}+\mathrm{C}}{2} + z\lambda\mathrm{B},$$

avec la condition

$$(3) \qquad\qquad x + y + z = 1.$$

Le point P appartenant à ce plan et à la droite AC, nous avons

$$\text{P} = \text{C} + u(\text{A} - \text{C}) = x\frac{\text{A}}{2} + y\frac{\text{B} + \text{C}}{2} + z\lambda\text{B},$$

d'où

(4) $$\frac{y}{2} + z\lambda = 0, \quad u = \frac{x}{2}, \quad 1 - u = \frac{y}{2}.$$

Résolvant les équations (3), (4) par rapport à x, y, z, u, on a, pour u, $u = 1 - \lambda$. Ainsi les vecteurs L, N, M, P sont respectivement

$$\frac{\text{A}}{2}, \quad \lambda\text{B}, \quad \frac{\text{B} + \text{C}}{2}, \quad \lambda\text{C} + (1 - \lambda)\text{A}.$$

Donc

$$\mathfrak{S}_{\text{LNP}} = \frac{\lambda^2}{2}\mathfrak{S}_{\text{ABC}}, \quad \mathfrak{S}_{\text{PNM}} = \frac{(1-\lambda)\lambda}{2}\mathfrak{S}_{\text{ABC}},$$

$$\mathfrak{S}_{\text{MCP}} = \frac{1-\lambda}{2}\mathfrak{S}_{\text{ABC}},$$

et, par addition,

$$\mathfrak{S}_{\text{LNP}} + \mathfrak{S}_{\text{PNM}} + \mathfrak{S}_{\text{MCP}} = \tfrac{1}{2}\mathfrak{S}_{\text{ABC}};$$

ce qui démontre, d'après la formule (1), la propriété énoncée.

Corollaire. — La relation $\lambda + u = 1$ nous donne la propriété
$$\frac{\text{ON}}{\text{OB}} + \frac{\text{CP}}{\text{CA}} = 1.$$

27. *Si l'on élève sur chacune des faces d'un tétraèdre, soit extérieurement, soit intérieurement, des perpendiculaires proportionnelles aux aires de ces faces, la somme des vecteurs ainsi obtenus est nulle; autrement dit, ces perpendiculaires, convenablement transportées parallèlement à elles-mêmes, formeront un quadrilatère fermé.*

Soit en effet OABC le tétraèdre; élevons

$$\text{OA}' = \mathfrak{V}_{\text{BC}} = \text{A}', \quad \text{OB}' = \mathfrak{V}_{\text{CA}} = \text{B}', \quad \text{OC}' = \mathfrak{V}_{\text{AB}} = \text{C}'$$

et enfin

$$OD' = \mathbb{V}(AC.AB) = \mathbb{V}(c - a, b - a) = d'.$$

Nous avons

$$d' = \mathbb{V}cb - \mathbb{V}ca - \mathbb{V}ab = -(a' + b' + c').$$

Donc

$$a' + b' + c' + d' = 0.$$

Corollaire. — Ce théorème peut être étendu à un polyèdre quelconque, car ce polyèdre est toujours décomposable en tétraèdres, et, quant aux faces communes à deux tétraèdres, elles donneront lieu à deux vecteurs égaux et opposés, puisque l'on doit élever toujours les perpendiculaires, soit à l'extérieur, soit à l'intérieur.

On peut donc dire, sous une forme assez concise : *La somme vectorielle de toutes les faces d'un polyèdre est identiquement nulle.*

Remarque. — Le tétraèdre O A'B'C' construit ci-dessus peut être appelé, d'après M. Genty, *tétraèdre dérivé* du premier.

EXERCICES PROPOSÉS SUR LE CHAPITRE III.

1. Trouver le lieu des milieux des droites se terminant à deux droites données et parallèles à un plan donné.

2. Une droite mobile se termine à deux droites fixes. Trouver le lieu du point qui divise cette droite mobile dans un rapport donné.

3. Une droite terminée à deux droites fixes se meut en restant constamment parallèle à un même plan. Trouver le lieu du point qui la divise dans un rapport constant.

4. Équation du lieu d'un point mobile dont les distances à deux droites données sont dans un rapport donné.

5. On donne un point fixe P et deux droites fixes : lieu d'un point X tel que la somme des projections de PX sur les deux droites données soit constante.

6. Si la somme des perpendiculaires abaissées du point A sur deux plans donnés est la même que la somme des perpendiculaires abaissées du point B, cette somme sera constante pour tout point de la droite **AB.**

7. Si la somme des perpendiculaires sur deux plans donnés, abaissées des points A, B, C (non en ligne droite), est la même, cette somme sera constante pour tout point du plan ABC.

8. On donne un angle solide à quatre faces : par un point donné sur l'une des arêtes, mener un plan tel que la section soit un parallélogramme.

9. Par chaque arête d'un trièdre, on mène un plan perpendiculaire à la face opposée. Démontrer que ces trois plans se coupent suivant une même droite.

10. OABC est un trièdre trirectangle; OD est la perpendiculaire abaissée du sommet sur le plan ABC. Démontrer que aire AOB est moyenne proportionnelle entre aire ACB et aire ADB.

11. Trouver l'équation d'un plan passant par un point donné et formant des angles égaux avec trois directions données. Donner la valeur commune de ces angles.

12. Déterminer le point d'intersection des trois plans $\mathfrak{S}_{AX} = a$, $\mathfrak{S}_{BX} = b$, $\mathfrak{S}_{CX} = c$.

13. Déterminer l'aire du triangle ayant ses sommets en trois points donnés.

14. Déterminer la condition pour que trois plans se coupent suivant une même droite.

15. Déterminer la condition pour que quatre plans se coupent en un même point.

16. Exprimer le volume du tétraèdre compris entre quatre plans donnés. (Genty.)

17. Étant données les arêtes d'un tétraèdre, déterminer les arêtes du tétraèdre dérivé. (Genty.)

18. Connaissant un tétraèdre, déterminer les aires des faces du tétraèdre dérivé. (Genty.)

19. Trouver la relation entre le volume d'un tétraèdre et celui du tétraèdre dérivé. (Genty.)

20. Par un point fixe M, à l'intérieur d'un trièdre de sommet O, on mène un plan coupant les arêtes en **A, B, C**. Soient V_1, V_2, V_3 les volumes des trois tétraèdres MOAB, MOBC, MOCA ; V celui du tétraèdre OABC. Démontrer que le rapport

$$\frac{V}{\sqrt{V_1 V_2 V_3}}$$

est constant, quel que soit le plan sécant. (Genty.)

21. Soient donnés un tétraèdre quelconque ABCD et un point intérieur **O** tel que les droites OA, OB, OC forment un trièdre trirectangle ; on prolonge les droites OA, OB, OC, OD jusqu'aux points A′, B′, C′, D′, où elles coupent les faces opposées ; on a

$$\frac{1}{\left(\dfrac{1}{OA}+\dfrac{1}{OA'}\right)^2}+\frac{1}{\left(\dfrac{1}{OB}+\dfrac{1}{OB'}\right)^2}+\frac{1}{\left(\dfrac{1}{OC}+\dfrac{1}{OC'}\right)^2}=\frac{1}{\left(\dfrac{1}{OD}+\dfrac{1}{OD'}\right)^2}.$$

(Mannheim.)

22. Les données restant les mêmes, on mène par le point O des plans parallèles aux faces du tétraèdre; ces plans déterminent dans chaque trièdre des parallélépipèdes dont nous désignons les volumes par P_a, P_b, P_c, P_d. On a

$$\left(\frac{OA}{P_a}\right)^2 + \left(\frac{OB}{P_b}\right)^2 + \left(\frac{OC}{P_c}\right)^2 = \left(\frac{OD}{P_d}\right)^2.$$

(GENTY.)

CHAPITRE IV.

LE CERCLE ET LA SPHÈRE.

Équations de la circonférence et de la sphère.

70. Si X est un point quelconque d'une circonférence dont le rayon est a et dont le centre est C, l'équation de cette circonférence peut s'exprimer par $TCX = a$ ou, en prenant le centre pour origine,

$$(1) \qquad x^2 = -a^2.$$

Si l'origine O est quelconque, nous avons, en posant $OX = x$, $OC = c$,

$$(2) \qquad (x - c)^2 = -a^2 \quad \text{ou} \quad x^2 - 2Scx = c^2 - a^2,$$

c représentant le module de c.

Lorsque l'origine est sur la circonférence, l'équation prend la forme particulière

$$(3) \qquad x^2 - 2Scx = 0.$$

Ces trois formes de l'équation de la circonférence s'appliquent également à la sphère, si l'on suppose les vecteurs quelconques dans l'espace, et non plus coplanaires.

71. La forme (3) de l'équation, pouvant s'écrire

$$Sx(x - 2c) = 0,$$

montre que x et x — 2c sont perpendiculaires, c'est-à-dire que l'angle dont les côtés passent par les extrémités d'un diamètre et dont le sommet est sur la circonférence (ou la sphère) est un angle droit.

La formule générale (2) peut s'écrire

$$\mathfrak{C} x^2 + 2\mathfrak{C} x . \mathfrak{S}(c \mathfrak{U} x) + c^2 - a^2 = 0.$$

Donc, pour chaque valeur de $\mathfrak{U}$ x, $\mathfrak{C}$ x prend deux valeurs dont le produit est $c^2 - a^2$, propriété bien connue, pour le cercle comme pour la sphère.

Si deux circonférences (ou deux sphères) passent par un même point X, nous aurons, en retranchant les deux équations l'une de l'autre,

$$2 \mathfrak{S} x (c - c') = c'^2 - c^2 + a^2 - a'^2,$$

équation d'une droite ou d'un plan.

De même, pour un autre point d'intersection Y,

$$2 \mathfrak{S} y (c - c') = c'^2 - c^2 + a^2 - a'^2,$$

et, par soustraction,

$$\mathfrak{S}(x - y)(c - c') = 0,$$

ce qui montre que la corde (ou le plan) d'intersection est perpendiculaire à la ligne des centres.

Si les deux circonférences ne se coupent pas, la corde d'intersection devient l'axe radical.

Tangente et plan tangent.

72. La tangente au cercle (ou le plan tangent à la sphère), étant perpendiculaire au rayon qui aboutit au point de contact, aura pour équation, en prenant l'origine au centre et appelant T le vecteur d'un point quelconque de la tangente (ou du plan tangent),

$$S_X (\mathtt{T} - \mathtt{X}) = 0,$$

c'est-à-dire, d'après l'équation (1),

$$(4) \qquad\qquad S_{\mathtt{TX}} = - a^2.$$

Il n'est pas nécessaire, d'ailleurs, de supposer connue à l'avance la propriété de la tangente, car on peut l'établir en remarquant que, si $\mathtt{x}$, $\mathtt{x}'$ sont deux vecteurs de la circonférence, l'équation (1) nous donne

$$x^2 - x'^2 = 0 \quad \text{ou} \quad S (\mathtt{x} - \mathtt{x}') (\mathtt{x} + \mathtt{x}') = 0,$$

ce qui montre que la ligne joignant le centre au milieu d'une corde est perpendiculaire à cette corde, et, comme limite, que le rayon aboutissant au point de contact est perpendiculaire à la tangente (ou au plan tangent).

73. Soit B un point extérieur à la circonférence, par lequel on mène une tangente ; $\mathtt{B}$ étant le vecteur de B, rapporté au centre, et $\mathtt{x}$ celui du point de contact, l'équation de la tangente sera $S_{\mathtt{TX}} = - a^2$. Mais, puisqu'elle passe par le point B, on a $S_{\mathtt{BX}} = - a^2$, et, si dans cette équation nous remplaçons $\mathtt{x}$, pour éviter toute confusion, par un vecteur courant $\mathtt{y}$, nous aurons

$$(5) \qquad\qquad S_{\mathtt{BY}} = - a^2,$$

équation d'une droite perpendiculaire à $\mathtt{B}$ et passant par les points de contact des deux tangentes issues du point B.

Pour la sphère, il est évident que l'équation (5) représente le plan des contacts. Il y a ici une infinité de plans tangents passant par le point B.

Remarque. — Si nous donnons à $\mathtt{y}$ la même direction que celle de B, et si nous appelons D le point ainsi obtenu, pied de la perpendiculaire abaissée du centre sur la corde (ou le plan) des contacts, nous aurons

$$\mathfrak{C}_B . \mathfrak{C}_D = a^2,$$

aussi bien pour la sphère que pour la corde.

EXERCICES.

28. *Trouver la transformée par inversion d'une droite ou d'un plan.*

Soient $\mathfrak{S}_{AX} = - a^2$ l'équation d'un plan et k le paramètre d'inversion, l'origine étant prise pour pôle. Alors $Y = \dfrac{k}{X}$, d'où, substituant et opérant par $Y^2 > \ldots$,

$$- \frac{k}{a^2} \mathfrak{S}_{AY} = Y^2.$$

On reconnaît ici la forme (3) du n° **70**, car il suffit, pour l'obtenir, de poser $- \dfrac{k}{a^2} A = A'$.

La transformée cherchée est donc une circonférence, ou une sphère, passant par le pôle.

Remarques. — I. L'équation d'une droite pouvant s'écrire sous la forme $X = A + x B$, on voit que l'équation $Y = (A + x B)^{-1}$ représente une circonférence passant par l'origine; si A, B sont perpendiculaires, B est un vecteur tangent à la circonférence.

On peut encore écrire $Y^{-1} = A + x B$, d'où

$$\mathfrak{V}_B \left(Y^{-1} - A \right) = 0,$$

équation vectorielle de la circonférence.

II. De même, l'équation d'un plan étant $x = A + x B + y C$, celle d'une sphère passant par l'origine peut s'écrire

$$x = (A + x B + y C)^{-1}$$

ou encore

$$S_{BC}(x^{-1} - A) = 0,$$

équation réelle de la sphère.

29. *Si trois cercles donnés sont coupés par un quatrième cercle arbitraire, les trois cordes d'intersection formeront un triangle ayant pour lieux de ses sommets trois droites qui se rencontrent en un même point.*

Soient A_1, A_2, A_3 les vecteurs des centres des trois cercles donnés; r_1, r_2, r_3 leurs rayons; u le vecteur du centre du cercle variable, s son rayon. Les équations des trois cordes d'intersection seront (**71**)

$$2 S x (u - A_1) = a_1^2 - u^2 + s^2 - r_1^2,$$
$$2 S x (u - A_2) = a_2^2 - u^2 + s^2 - r_2^2,$$
$$2 S x (u - A_3) = a_3^2 - u^2 + s^2 - r_3^2.$$

L'intersection des deux premières satisfera à la relation

$$2 S x (A_1 - A_2) = r_1^2 - r_2^2 - a_1^2 + a_2^2,$$

qui représente une droite perpendiculaire à la ligne des centres $A_1 A_2$.

Cette droite est donc le lieu de l'intersection.

De même, nous avons, pour le lieu du deuxième sommet du triangle,

$$2 S x (A_2 - A_3) = r_2^2 - r_3^2 - a_2^2 + a_3^2,$$

et, pour le troisième sommet,

$$2 S x (A_3 - A_1) = r_3^2 - r_1^2 - a_3^2 + a_1^2.$$

Comme l'une quelconque de ces trois équations se déduit

évidemment des deux autres, on voit que les trois droites se coupent en un même point. C'est le *centre radical* des trois cercles donnés.

30. *Soit ABCD un parallélogramme; une circonférence passant par A coupe AB, AC et la diagonale AD en F, G, H respectivement. Démontrer que*

$$\mathrm{gr}\,AD.\mathrm{gr}\,AH = \mathrm{gr}\,AB.\mathrm{gr}\,AF + \mathrm{gr}\,AC.\mathrm{gr}\,AG.$$

Effectivement, en vertu de la forme (3) de l'équation de la circonférence, nous aurons

$$\mathrm{F}^2 = 2\,\mathrm{S}\,\mathrm{UF}, \quad \mathrm{G}^2 = 2\,\mathrm{S}\,\mathrm{UG}, \quad \mathrm{H}^2 = 2\,\mathrm{S}\,\mathrm{UH},$$

en appelant U le vecteur du centre.

Mais $\mathrm{F} = x\,\mathrm{B}$, $\mathrm{G} = y\,\mathrm{C}$, $\mathrm{H} = z\,\mathrm{D}$, de sorte qu'on a

$$\mathrm{FB} = 2\,\mathrm{S}\,\mathrm{UB}, \quad \mathrm{GC} = 2\,\mathrm{S}\,\mathrm{UC}, \quad \mathrm{HD} = 2\,\mathrm{S}\,\mathrm{UD},$$

et par conséquent

$$\mathrm{FB} + \mathrm{GC} = \mathrm{HD},$$

car $\mathrm{D} = \mathrm{B} + \mathrm{C}$, puisque A BDC est un parallélogramme.

COROLLAIRE — $\mathrm{FB} + \mathrm{GC} + \mathrm{HD} = 4\,\mathrm{S}\,\mathrm{UD}.$

Si AU, AD sont perpendiculaires, H s'annule, et il reste $\mathrm{FB} + \mathrm{GC} = 0.$

Si AU, AD ont même direction, $\mathrm{H} = 2\,\mathrm{U}$, et l'on retombe sur l'équation $\mathrm{FB} + \mathrm{GC} = \mathrm{HD}.$

31. *Toute section d'une sphère par un plan est un cercle.*

Prenons le centre pour origine; soient a le rayon de la sphère et B le vecteur abaissé du centre perpendiculairement sur le plan sécant. L'équation de la sphère est $\mathrm{X}^2 = -a^2$; celle du plan sécant, $\mathrm{S}\,\mathrm{B}(\mathrm{X} - \mathrm{B}) = 0$. Posons $\mathrm{X} - \mathrm{B} = \mathrm{Y}$. Alors

$$\mathrm{Y}^2 + \mathrm{B}^2 + 2\,\mathrm{S}\,\mathrm{BY} = -a^2 \quad \text{ou} \quad \mathrm{Y}^2 = \mathrm{b}^2 - a^2,$$

équation d'une circonférence. La circonférence n'est réelle que pour $a^2 > b^2$.

32. *Trouver l'intersection de deux sphères.*

Soient $x^2 - 2\,S\,ax = k$, $x^2 - 2\,S\,bx = l$ les équations des deux sphères. On a par soustraction

$$2\,S\,(a - b)\,x = l - k,$$

équation d'un plan. L'intersection, en vertu de l'exercice précédent, est donc un cercle.

On doit rapprocher ce résultat de la remarque déjà faite au nº **71**.

33. *En trois points* A, B, C *d'une circonférence on mène des tangentes; les tangentes en* B *et* C *se rencontrent au point* D, *les tangentes en* C *et* A *au point* E, *et les tangentes en* A *et* B *au point* F. *Les trois droites* AD, BE, CF *se couperont en un même point.*

Prenons pour origine le centre O de la circonférence, et désignons par a, b, ... les vecteurs OA, OB, ... Nous aurons tout d'abord, d'après la forme de l'équation de la tangente,

$$S\,ae = S\,af = S\,bf = S\,bd = S\,cd = S\,ce = -a^2,$$

a étant la longueur du rayon.

Cela posé, l'équation de la droite AD est

$$x = x\,a + (1 - x)\,d.$$

Opérant successivement par $S\,.\,b \times$ et $S\,.\,c \times$, en tenant compte des relations ci-dessus,

$$S\,bx = x\,S\,ab + (x - 1)\,a^2,$$
$$S\,cx = x\,S\,ac + (x - 1)\,a^2.$$

Éliminant x entre ces deux relations, nous avons sous une

autre forme l'équation de la droite **AD**, c'est-à-dire

$$\mathfrak{S}_{BX}.\mathfrak{S}_{CA} - \mathfrak{S}_{CX}.\mathfrak{S}_{AB} - a^2\mathfrak{S}(B - C)X = a^2\mathfrak{S}_A(B - C).$$

De même, par raison de symétrie, on aurait, pour les équations des droites **BE** et **CF**,

$$\mathfrak{S}_{CX}.\mathfrak{S}_{AB} - \mathfrak{S}_{AX}\mathfrak{S}_{BC} - a^2\mathfrak{S}(C - A)X = a^2\mathfrak{S}_B(C - A),$$

$$\mathfrak{S}_{AX}.\mathfrak{S}_{BC} - \mathfrak{S}_{BX}\mathfrak{S}_{CA} - a^2\mathfrak{S}(A - B)X = a^2\mathfrak{S}_C(A - B),$$

et, comme ces trois équations ajoutées entre elles donnent une identité, chacune d'elles est une conséquence des deux autres, c'est-à-dire que les trois droites **AD**, **BE**, **CF** se coupent en un même point.

Polaires.

74. En prenant pour origine le centre de la sphère, nous avons vu (**72**) que l'équation de la corde des contacts des tangentes menées par le point extérieur B (*fig.* 22) est $\mathfrak{S}_{BX} = -a^2$.

Fig. 22.

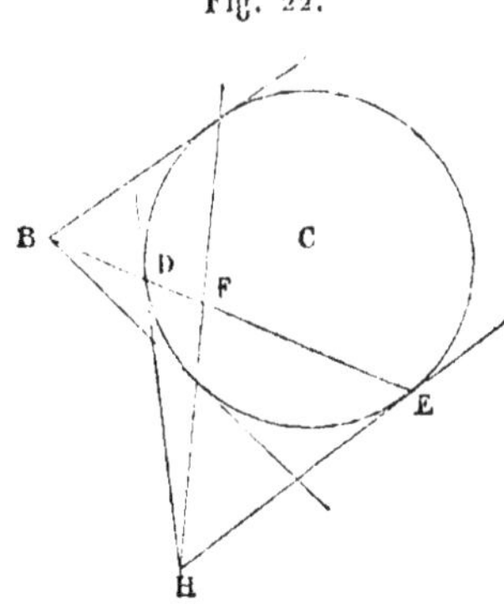

Il est facile de reconnaître que, si l'on mène des sécantes par ce point B, puis les tangentes aux points d'intersection, les couples de tangentes se couperont précisément sur la corde des contacts. Car soient BDE l'une de

ces sécantes et H le point de rencontre des tangentes en
D et en E.

Alors B appartient à la corde des contacts correspondant à H, laquelle a pour équation $S_{HY} = -a^2$, et, par conséquent, on a

$$S_{HB} = -a^2,$$

ce qui montre bien que le point H appartient à la corde des contacts répondant à B.

Cette définition nouvelle ne suppose plus que le point B soit extérieur; elle peut donc s'étendre à un point quelconque du plan, et la droite ainsi obtenue est dite la *polaire* du point B, qui, réciproquement, est le *pôle* de la droite.

Il est évident que la polaire est perpendiculaire à la droite qui joint le pôle au centre du cercle.

Réciproquement, si par les divers points d'une droite on mène des couples de tangentes, toutes les cordes des contacts iront passer par le même point.

On le reconnaît immédiatement en mettant l'équation de la droite sous la forme $S_{KX} = -a^2$.

75. On peut reconnaître que toute sécante issue d'un pôle B est divisée harmoniquement par la polaire et par la circonférence. Pour cela, prenons pour origine le point B; l'équation de la polaire devient $Sc(x - c) = a^2$. et, si nous la coupons par la droite de direction v (v étant un vecteur unitaire), le point F nous sera donné par la relation

$$S_{CF} = a^2 - c^2 \quad \text{ou} \quad t\, S_{CU} = a^2 - c^2.$$

Maintenant, l'équation de la circonférence est

$$x^2 - 2\, S_{CX} = c^2 - a^2,$$

et, en la coupant par la même sécante,

$$x^2 u^2 - 2 x \, S c u = c^2 - a^2$$

ou

$$x^2 + 2 x \, S c u + c^2 - a^2 = 0.$$

En appelant d, e les deux racines de cette équation (longueurs de BD et de BE), nous avons

$$\frac{1}{d} + \frac{1}{e} = - \frac{2 \, S c u}{c^2 - a^2} = \frac{2}{f},$$

d'après la relation précédente en f. La propriété en question est donc démontrée. On pourrait également, si on le jugeait bon, la prendre pour définition des polaires.

76. Il serait facile d'étendre ces considérations à la sphère et d'établir ainsi la théorie des pôles et plans polaires et des droites polaires. Les calculs seraient identiquement les mêmes que ceux qui viennent d'être employés. Il suffirait de faire disparaître la restriction que toutes les figures sont dans un même plan.

On verrait ainsi qu'à tout point pris comme pôle répond un plan polaire; que, lorsque le pôle parcourt une droite quelconque, tous les plans polaires correspondants se coupent suivant une droite perpendiculaire à la première et réciproquement; que ces deux droites jouissent de propriétés absolument réciproques l'une de l'autre; que, l'une étant extérieure à la sphère, l'autre coupe toujours la sphère, etc. Mais nous nous bornons, pour abréger, à ces indications générales, qui pourront fournir au lecteur matière à d'utiles exercices.

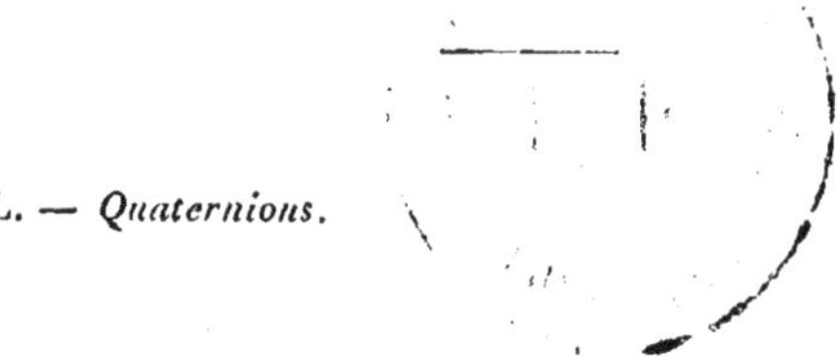

EXERCICES.

34. *Si l'on mène des tangentes aux sommets d'un triangle* ABC *inscrit dans un cercle, les intersections* P, Q, R *de ces tangentes avec les côtés opposés sont en ligne droite.*

Cette propriété pourrait s'établir sans peine, comme réciproque de celle de l'exercice **33**, par les propriétés des polaires. Nous la démontrerons ici par un calcul direct.

Nous avons

$$\mathrm{P} = \mathrm{A} + x\,\mathrm{AP} = y\,\mathrm{B} + \left(1 - y\right)\mathrm{C}.$$

Opérant par $S.\mathrm{A}\times$, et remarquant que AP est tangente au cercle, il vient

$$S\mathrm{A}^2 = y\,S\mathrm{AB} + \left(1 - y\right)S\mathrm{AC}, \quad \text{d'où} \quad y = \frac{S\mathrm{A}\left(\mathrm{A} - \mathrm{C}\right)}{S\mathrm{A}\left(\mathrm{B} - \mathrm{C}\right)}.$$

Donc

$$\mathrm{P}\,S\mathrm{A}\left(\mathrm{B} - \mathrm{C}\right) = \mathrm{B}\,S\mathrm{A}\left(\mathrm{A} - \mathrm{C}\right) - \mathrm{C}\,S\mathrm{A}\left(\mathrm{A} - \mathrm{B}\right).$$

On a de même

$$\mathrm{Q}\,S\mathrm{B}\left(\mathrm{C} - \mathrm{A}\right) = \mathrm{C}\,S\mathrm{B}\left(\mathrm{B} - \mathrm{A}\right) - \mathrm{A}\,S\mathrm{B}\left(\mathrm{B} - \mathrm{C}\right),$$

$$\mathrm{R}\,S\mathrm{C}\left(\mathrm{A} - \mathrm{B}\right) = \mathrm{A}\,S\mathrm{C}\left(\mathrm{C} - \mathrm{B}\right) - \mathrm{B}\,S\mathrm{C}\left(\mathrm{C} - \mathrm{A}\right).$$

De là, par addition, une relation de la forme

$$p\,\mathrm{P} + q\,\mathrm{Q} + r\,\mathrm{R} = 0,$$

$p + q + r$ étant nul. Donc (**13**) les points P, Q, R sont en ligne droite.

On établirait sans peine une propriété analogue pour la sphère.

COROLLAIRE. — Le rapport $\dfrac{\mathrm{PQ}}{\mathrm{PR}}$ est donné par

$$-\frac{r}{q} = \frac{S\mathrm{AC} - S\mathrm{BC}}{S\mathrm{AB} - S\mathrm{BC}}.$$

ou

$$\frac{\cos 2\,\mathrm{B} - \cos 2\,\mathrm{A}}{\cos 2\,\mathrm{C} - \cos 2\,\mathrm{A}} \quad \text{ou encore} \quad \frac{\sin \mathrm{C}}{\sin \mathrm{B}}\,\frac{\sin\left(\mathrm{B} - \mathrm{A}\right)}{\sin\left(\mathrm{C} - \mathrm{A}\right)}.$$

35. *Un cercle est coupé par une infinité d'autres dont les circonférences passent par deux points fixes. Démontrer que les cordes communes passent toutes par un même point.*

Soient

$$(1) \qquad \mathrm{x}^2 \cdots = -\,d^2$$

et

$$(2) \qquad \left(\mathrm{x} - \mathrm{c}\right)^2 = -\,r^2$$

les équations de la circonférence fixe et de la circonférence variable.

Soient en outre A, B (*fig.* 23) les deux points fixes par les-

Fig. 23.

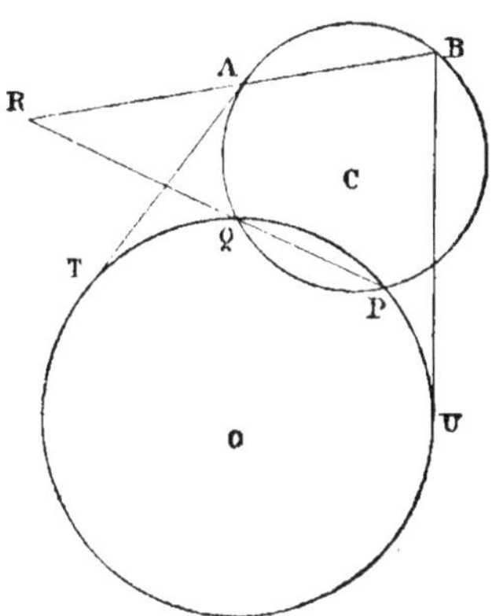

quels passe la circonférence variable.

L'équation de la corde commune PQ, obtenue par soustraction au moyen des équations (1), (2) est

$$2\,\mathfrak{S}\,\mathrm{cx} = r^2 - \mathrm{c}^2 - d^2.$$

Coupons-la par la droite AB. Pour cela, nous remplacerons x par $x\mathrm{A} + (1 - x)\mathrm{B}$, d'où

$$2\,\mathcal{S}\mathrm{c}\left[x\mathrm{A} + (1 - x)\mathrm{B}\right] = r^2 - \mathrm{c}^2 - d^2.$$

Mais, A et B satisfaisant à l'équation (2), on a

$$2\,\mathcal{S}\mathrm{cA} = r^2 - \mathrm{a}^2 - \mathrm{c}^2, \quad 2\,\mathcal{S}\mathrm{cB} = r^2 - \mathrm{b}^2 - \mathrm{c}^2,$$

et, par substitution,

$$x\left(\mathrm{b}^2 - \mathrm{a}^2\right) + r^2 - \mathrm{b}^2 - \mathrm{c}^2 = r^2 - \mathrm{c}^2 - d^2,$$

$$x = \frac{\mathrm{b}^2 - d^2}{\mathrm{b}^2 - \mathrm{a}^2}.$$

Donc, x étant constant, le point R est fixe. Le rapport $\dfrac{\mathrm{RA}}{\mathrm{RB}} = \dfrac{x - 1}{x} = \dfrac{\mathrm{a}^2 - d^2}{\mathrm{b}^2 - d^2}$ est égal, comme l'on voit, à celui des carrés des tangentes AT, BU menées des points A, B au cercle fixe, si ces points sont extérieurs. Dans tous les cas, l'interprétation géométrique est extrêmement facile.

36. *D'un point donné on abaisse des perpendiculaires sur tous les plans tangents à une sphère. Trouver l'équation du lieu des pieds de ces perpendiculaires.*

Soient A le point donné, X le pied de la perpendiculaire, P le point de contact du plan tangent. On a

$$(1) \qquad \mathrm{P}^2 = -a^2.$$

$$(2) \qquad \mathcal{S}\mathrm{PX} = -a^2,$$

et, AX étant parallèle à P,

$$(3) \qquad \mathrm{X} - \mathrm{A} = x\mathrm{P}.$$

Opérant sur (3) par $\mathcal{S}.\mathrm{x}\times$, on a, en vertu de (2),

$$(4) \qquad \mathrm{x}^2 - \mathcal{S}\mathrm{AX} = -a^2 x.$$

Élevant (3) au carré,

$$(5) \qquad (\mathbf{x} - \mathbf{a})^2 = - a^2 x^2,$$

d'où, par élimination de x entre (4) et (5),

$$(\mathbf{x}^2 - \mathcal{S}\,\mathbf{ax})^2 = - a^2 (\mathbf{x} - \mathbf{a})^2.$$

Telle est l'équation du lieu cherché.

37. *Si trois sphères se coupent deux à deux, les trois plans d'intersection passent par une même droite.*

Car, si $\mathbf{a}$, $\mathbf{b}$, $\mathbf{c}$ sont les vecteurs des centres, les équations des trois sphères sont de la forme

$$\mathbf{x}^2 - 2\,\mathcal{S}\,\mathbf{ax} = a, \quad \mathbf{x}^2 - 2\,\mathcal{S}\,\mathbf{bx} = b, \quad \mathbf{x}^2 - 2\,\mathcal{S}\,\mathbf{cx} = c,$$

et les équations des plans d'intersection

$$\mathcal{S}\,(\mathbf{a} - \mathbf{b})\,\mathbf{x} = b - a,$$
$$\mathcal{S}\,(\mathbf{b} - \mathbf{c})\,\mathbf{x} = c - b,$$
$$\mathcal{S}\,(\mathbf{c} - \mathbf{a})\,\mathbf{x} = a - c.$$

L'une quelconque de ces trois équations étant une conséquence des deux autres, on voit que les trois plans passent par une même droite. C'est l'axe radical des trois sphères.

38. *Trouver le lieu géométrique d'un point tel que le rapport de ses distances à deux points donnés soit constant.*

Soient A, B les deux points, k le rapport donné. Nous avons

$$\frac{(\mathbf{x} - \mathbf{a})^2}{(\mathbf{x} - \mathbf{b})^2} = k^2,$$
$$\mathbf{x}^2 - 2\,\mathcal{S}\,\mathbf{ax} + \mathbf{a}^2 = k^2\,(\mathbf{x}^2 - 2\,\mathcal{S}\,\mathbf{bx} + \mathbf{b}^2),$$
$$(1 - k^2)\,\mathbf{x}^2 - 2\,\mathcal{S}\,(\mathbf{a} - k^2\,\mathbf{b})\,\mathbf{x} = a^2 - k^2\,b^2,$$

équation d'une sphère.

Si l'on place l'origine en $\mathbf{b}$, l'équation prend la forme plus simple

$$\left(1 - k^2\right)x^2 - 2\,S_{AX} = a^2.$$

39. *Trouver le lieu géométrique d'un point tel que la somme des carrés de ses distances à plusieurs points donnés ait une valeur donnée.*

Soient X le point variable, $A_1, A_2, \ldots, A_n$ les vecteurs des points donnés et l^2 la somme donnée. Alors

$$\left(X - A_1\right)^2 + \left(X - A_2\right)^2 + \ldots + \left(X - A_n\right)^2 = -l^2,$$

c'est-à-dire

$$n\,X^2 - 2\,S_X\,\Sigma_A + \Sigma_A^2 = -l^2,$$

$$\left(X - \frac{\Sigma_A}{n}\right)^2 = \left(\frac{\Sigma_A}{n}\right)^2 - \frac{1}{n}\left(\Sigma_A^2 + l^2\right),$$

équation d'une sphère ayant pour centre le point moyen des points A. Si l'on transporte l'origine en ce point, on a

$$X^2 = -\frac{1}{n}\left(\Sigma_A^2 + l^2\right) = -\frac{1}{n}\left(l^2 - \Sigma_a^2\right).$$

La sphère est réelle pour $l^2 > \Sigma_a^2$. Si $l^2 = \Sigma_a^2$, elle se réduit à un point.

Dans le plan, le même problème conduit évidemment à une circonférence au lieu d'une sphère.

EXERCICES PROPOSÉS SUR LE CHAPITRE IV.

1. On mène dans un plan des droites par un point fixe. Trouver le lieu des pieds des perpendiculaires abaissées sur ces droites d'un autre point fixe.

2. AB est un diamètre d'un cercle, PQ une corde parallèle à AB, M un point quelconque pris sur AB. Démontrer qu'en grandeur on a

$$MP^2 + MQ^2 = MA^2 + MB^2.$$

3. Si deux cercles se coupent et si par l'un des points de rencontre on mène les diamètres des deux cercles, les extrémités opposées de ces diamètres et le second point de rencontre sont en ligne droite.

4. Le lieu des points d'où l'on voit deux cercles inégaux sous des angles égaux est une circonférence.

5. Une droite se meut dans un plan de telle sorte, que la somme des perpendiculaires abaissées sur cette droite de deux points donnés est constante. Trouver le lieu géométrique du milieu de la distance entre les pieds de ces perpendiculaires.

6. O, O′ sont les centres de deux circonférences, dont la seconde passe par le point O; par un point commun A aux deux circonférences, on mène la droite AO′, qui coupe les deux circonférences en C et D. Démontrer que

$$AC.AD = 2AO^2.$$

7. A, B, C étant trois points d'une circonférence, démontrer que $\mathfrak{v}(AB.BC.CA)$ est un vecteur parallèle à la tangente en A.

8. Trouver le lieu des pieds des perpendiculaires abaissées d'un point donné sur tous les plans passant par un autre point donné.

9. Démontrer que la transformée par inversion d'une sphère est aussi une sphère, quel que soit le pôle de transformation.

10. Une sphère touche deux droites données qui ne se rencontrent pas. Trouver l'équation du lieu de son centre.

11. Étant donné un tétraèdre ABCD, circonscrire une sphère à ce tétraèdre.

12. Étant donné un tétraèdre, inscrire une sphère dans ce tétraèdre.

13. Déterminer une sphère tangente à quatre sphères données.

CHAPITRE V.

DIFFÉRENTIATION DES QUATERNIONS.

Différentielles de fonctions de quaternions.

77. Lorsqu'on soumet au calcul les quantités complexes ordinaires, on trouve qu'une fonction analytique d'une variable complexe admet en général une dérivée, c'est-à-dire que, z étant la variable, $f(z)$ la fonction et dz l'accroissement de la variable, l'accroissement de la fonction, réduit à sa partie principale, peut se mettre sous la forme $f'(z)\,dz$.

Il n'en est plus de même, comme nous allons le reconnaître, lorsqu'il s'agit d'une fonction d'un quaternion variable. La variable recevant un accroissement, nous pouvons toujours considérer la partie principale de l'accroissement de la fonction et l'appeler *différentielle* de la fonction ; mais cette différentielle ne peut se mettre en général sous la forme d'un produit dont l'un des facteurs serait l'accroissement (ou la différentielle) de la variable indépendante.

Si X est un quaternion variable et $Y = f(X)$ une fonction de ce quaternion, nous définirons donc la différentielle dY par la relation

$$(1) \qquad dY = \lim_{h \to 0} \frac{f(X + h\,dX) - f(X)}{h},$$

h étant une quantité réelle infiniment petite.

Or dY aura bien la forme $\varphi(X, dX)$, mais non pas, en général, $\varphi(X).dX$ ni $dX.\varphi(X)$.

78. Pour éclaircir cette notion de l'absence de dérivée, prenons comme exemple la fonction

$$Y = X^2.$$

Si nous donnons à X l'accroissement dX, nous avons, pour accroissement de la fonction,

$$X.dX + dX.X + (dX)^2$$

ou, en négligeant le dernier terme, qui est du second ordre,

$$dY = X.dX + dX.X,$$

expression qui ne peut se mettre sous la forme $dX.X'$ sans que X' dépende à la fois de X et de dX.

Comme second exemple, soit

$$Y = f(X) = \frac{1}{X},$$

$$f(X + dX) - f(X) = \frac{1}{X + dX} - \frac{1}{X} = -\frac{1}{X + dX}dX\frac{1}{X}$$

$$= -\frac{1}{XdX}X\frac{1}{X}dX\frac{1}{X},$$

et, en négligeant les infiniment petits d'ordres supérieurs au premier,

$$dY = -\frac{1}{X}dX\frac{1}{X},$$

expression qui ne se réduit pas non plus à la forme $X'.dX$ ou $dX.X'$, si ce n'est lorsque X et dX sont coplanaires ou bien lorsque dX est réel.

Cette absence de dérivée d'une fonction de quaternion,

d'une manière générale, tient, comme on le voit, à la non-commutativité de la multiplication par dX. Aussi y a-t-il une dérivée chaque fois que dX est réel.

Si, en particulier, un quaternion Y est fonction d'une variable réelle x, il y aura toujours une dérivée, qui, en général, sera un quaternion.

79. Si la différentielle dX de la variable se compose de deux parties $d_1X + d_2X$, il est facile de voir qu'on aura $d.f(X) = d_1.f(X) + d_2.f(X)$. En effet, la définition (1) de la différentielle nous donne

$$d.f(X) = \lim_{h=0} \frac{f(X + hd_1X + hd_2X) - f(X)}{h}$$

$$= \lim_{h=0} \frac{f(X + hd_1X) - f(X)}{h}$$

$$+ \lim_{h=0} \frac{f(X + hd_1X + hd_2X) - f(X + hd_1X)}{h}$$

$$= d_1 f(X) + \lim_{h=0} d_2 f(X + hd_1X)$$

$$= d_1 f(X) + d_2 f(X).$$

On étendrait sans plus de peine ce raisonnement à un nombre quelconque d'éléments, au lieu de deux, comme nous l'avons supposé.

Dans le raisonnement qui précède, $d_1 f(X)$ et $d_2 f(X)$ représentent évidemment les différentielles résultant isolément des accroissements d_1X et d_2X.

Différentielle d'une somme.

80. La définition même de la différentielle (**77**) nous montre que la différentielle d'une somme est égale à la somme des différentielles des éléments. Donc, si

$$Y = U + V + \ldots$$

$U, V, \ldots$ étant autant de fonctions de X, nous aurons

$$dY = dU + dV + \ldots.$$

Bien entendu, la différentielle dX de la variable indépendante doit rester partout la même.

Différentielle d'une fonction composée.

81. Soit $Y = f(U, V, \ldots)$ une fonction de plusieurs variables $U, V, \ldots$, qui sont elles-mêmes des fonctions d'une seule variable indépendante X.

La différentielle sera, par définition,

$$dY = \lim_{h=0} \frac{f(U + h\,dU, V + h\,dV, \ldots) - f(U, V \ldots)}{h},$$

et, en suivant exactement la même méthode que pour les fonctions de variables réelles, on verrait que l'on a

$$dY = d_u Y + d_v Y + \ldots,$$

$d_u Y, d_v Y, \ldots$ représentant les différentielles de la fonction $Y = f(U, V, \ldots)$ lorsqu'on y fait varier isolément U, puis $V, \ldots$.

Il est clair qu'ici, comme précédemment, le résultat obtenu sera toujours une fonction homogène et du premier degré des différentielles $dU, dV, \ldots$ ou de la différentielle dX.

Autres propriétés de l'opération d.

82. Si l'on décompose un quaternion Y en sa partie réelle Y_0 et sa partie vectorielle Y_i, nous aurons

$$dY = dY_0 + dY_i.$$

Or, la différentielle dY_0 d'une quantité réelle est essentiellement réelle, celle d'une quantité vectorielle dY_i est vectorielle. Donc

$$\mathfrak{S}\,dY = dY_0 = d.\mathfrak{S}\,Y,$$
$$\mathfrak{V}\,dY = dY_i = d.\mathfrak{V}\,Y.$$

Si nous prenons le quaternion conjugué de Y, c'est-à-dire $Y_0 - Y_i$, nous aurons

$$d.\mathrm{cj}\,Y = dY_0 - dY_i = \mathrm{cj}\,dY.$$

On exprime ces divers résultats en disant que le signe d est commutatif avec les signes $\mathfrak{S}$, $\mathfrak{V}$ ou cj.

EXERCICES.

40. *Trouver la différentielle d'un produit.*

Soit $Y = UVW\ldots$ le produit en question. D'après ce que nous avons vu sur les fonctions-composées, nous obtiendrons immédiatement la différentielle en écrivant

$$dY = dU.V.W\ldots + U.dV.W\ldots + UV.dW\ldots + \ldots$$

41. *Trouver la différentielle d'un quotient.*

Soit $Y = \dfrac{U}{V}$. De là $U = VY$, et, par conséquent,

$$dU = dV.Y + V.dY,$$
$$V\,dY = dU - dV.Y,$$

et, opérant par $\dfrac{1}{V}$,

$$dY = \frac{1}{V}\,dU - \frac{1}{V}\,dV.Y = \frac{1}{V}\left(dU - dV\,\frac{U}{V}\right),$$

qu'on peut encore écrire

$$dY = \frac{1}{V}\left(dU\,\frac{1}{U} - dV\,\frac{1}{V}\right)U.$$

Corollaire. — En faisant $U = 1$, on a

$$d\,\frac{1}{V} = -\,\frac{1}{V}\,dV\,\frac{1}{V}\,.$$

42. *Différentielle de* $\mathfrak{T}X$.

On a

$$(\mathfrak{T}X)^2 = X\overline{X},$$

comme on l'a vu plus haut. De là, prenant les différentielles des deux membres,

$$2\,\mathfrak{T}X\,.\,d\mathfrak{T}X = dX\,.\,\overline{X} + X\,.\,d\overline{X} = 2\,\mathfrak{S}\left(X\,d\overline{X}\right) = 2\,\mathfrak{S}\left(\overline{X}\,dX\right).$$

Remplaçant $\overline{X}$ par $\dfrac{(\mathfrak{T}X)^2}{X}$, nous avons

$$(1) \qquad\qquad \frac{d\mathfrak{T}X}{\mathfrak{T}X} = \mathfrak{S}\,\frac{dX}{X}\,.$$

Si la variable est un vecteur, on a

$$\frac{d\mathfrak{T}\mathrm{x}}{\mathfrak{T}\mathrm{x}} = \mathfrak{S}\,\frac{d\mathrm{x}}{\mathrm{x}} = -\,\frac{1}{\mathfrak{T}\mathrm{x}}\,\mathfrak{S}\left(\mathfrak{U}\mathrm{x}\,.\,d\mathrm{x}\right),$$

$$(2) \qquad\qquad d\mathfrak{T}\mathrm{x} = -\,\mathfrak{S}\left(\mathfrak{U}\mathrm{x}\,.\,d\mathrm{x}\right).$$

Dans ce cas, il est très facile d'obtenir directement ces formules par des considérations géométriques.

43. *Différentielle de* $\mathfrak{U}X$.

On a

$$X = \mathfrak{T}X\,.\,\mathfrak{U}X,$$

d'où

$$dX = d\mathfrak{T}X.\mathfrak{U}X + \mathfrak{T}X.d\mathfrak{U}X.$$

Opérant par $\frac{1}{X}\times$,

$$\frac{dX}{X} = \frac{d\mathfrak{T}X}{\mathfrak{T}X} + \frac{d\mathfrak{U}X}{\mathfrak{U}X},$$

ou, en vertu de la relation (1) de l'exercice précédent,

$$(3) \qquad \frac{d\mathfrak{U}X}{\mathfrak{U}X} = \frac{dX}{X} - \mathfrak{S}\frac{dX}{X} = \mathfrak{v}\frac{dX}{X},$$

formule qui est encore d'une interprétation géométrique immédiate lorsque X est un vecteur.

44. *Différentielle de* X^2.

Si $Y = X^2$, on a, comme nous l'avons vu plus haut (78),

$$dY = dX.X + X.dX,$$

c'est-à-dire, en décomposant X et dX en leurs parties réelles et vectorielles,

$$dY = 2\,\mathfrak{S}XdX + 2\,\mathfrak{S}X.\mathfrak{v}dX + 2\,\mathfrak{S}dX.\mathfrak{v}X.$$

S'il s'agit d'un vecteur au lieu d'un quaternion, on a

$$\mathfrak{S}X = 0, \quad \mathfrak{S}dX = 0,$$

et il reste seulement

$$dx^2 = 2\,\mathfrak{S}x\,dx.$$

45. *Différentielle de* $\frac{1}{x}$.

On a, comme nous l'avons vu plus haut $(\text{Ex. } 41)$,

$$d\frac{1}{x} = -\frac{1}{x}dx\frac{1}{x}.$$

Mais ici, x, $\dfrac{1}{x}$, dx étant des vecteurs, on a (38)

$$dx\,\frac{1}{x} = \mathrm{cj}\,\frac{1}{x}\,dx = \mathrm{cj}\,\frac{dx}{x},$$

et, par conséquent,

$$d\,\frac{1}{x} = -\,\frac{1}{x}\,\mathrm{cj}\,\frac{dx}{x}.$$

46. *Différentielle de* $\dfrac{1}{X^2}$.

Posons

$$Y = \frac{1}{X^2}.$$

De là

$$\frac{1}{Y} = X^2,$$

et, par différentiation,

$$-\frac{1}{Y}\,dY\,\frac{1}{Y} = X\,dX + dX\,.\,X.$$

Opérant par $-Y(\quad)Y$ et remplaçant Y par $\dfrac{1}{X^2}$,

$$dY = -\left(\frac{1}{X}\,dX\,\frac{1}{X^2} + \frac{1}{X^2}\,dX\,\frac{1}{X}\right).$$

Si X est un vecteur x, la différentielle se réduit à l'expression réelle

$$dY = -\frac{2}{x^2}\,\mathcal{S}\,\frac{dx}{x}.$$

Différentiations successives.

83. La notion des différentielles des divers ordres s'introduit ici aussi naturellement que dans l'analyse ordinaire et ne saurait donner lieu à des difficultés nouvelles, puisqu'il suffit d'appliquer les mêmes procédés de calcul aux différentielles obtenues déjà, pour obtenir les différentielles d'ordres supérieurs.

Comme exemple, prenons la fonction $Y = X^2$. Nous avons

$$dY = XdX + dX \cdot X$$

et de là

$$d^2 Y = X d^2 X + 2(dX)^2 + d^2 X \cdot X.$$

Si X était un vecteur x, on aurait

$$dY = 2 \, \mathfrak{S}(x \, dx),$$
$$d^2 Y = 2(dx)^2 + 2 \, \mathfrak{S}(x \, d^2 x).$$

Bien entendu, si l'on donne à la variable indépendante un accroissement dX qui soit constant, il faudra faire $d^2 X = d^3 X = \ldots = 0$ dans tous les calculs, qui se simplifieront beaucoup par cela même.

Cas des variables réelles.

84. Nous avons déjà vu que, si la variable indépendante est réelle, on obtient une dérivée tout comme dans l'Algèbre ordinaire. Supposons que la fonction, dans ce cas, soit un vecteur $y = f(x)$. Alors le lieu du point y sera bien évidemment une certaine courbe. La différentielle dy représente la corde infiniment petite qui unit deux points de cette courbe infiniment rapprochés, et la dérivée $\dfrac{dy}{dx}$ est un vecteur fini parallèle à la tangente.

Si un vecteur y était donné en fonction de deux variables réelles indépendantes, sous la forme $y = f(x, z)$, le lieu du point y serait généralement une surface, puisqu'en attribuant à l'une des variables une valeur quelconque on obtient une courbe. La différentielle de $\mathbf{y}$ pourra alors se mettre sous la forme ordinaire

$$d\mathbf{y} = \frac{d\mathbf{y}}{dx}\, dx + \frac{d\mathbf{y}}{dz}\, dz.$$

$\dfrac{d\mathbf{y}}{dx} = f'_x(x, z)$ et $\dfrac{d\mathbf{y}}{dz} = f'_z(x, z)$ sont ici deux vecteurs tangents à deux courbes tracées sur la surface. Ils déterminent donc le plan tangent.

Nous nous bornons ici à ces rapides indications géométriques, qui n'ont d'autre objet que d'éclaircir les notions de la différentiation dans des cas particuliers, mais dont l'usage est très fréquent.

Fonctions réelles.

85. Soit tout d'abord une fonction *réelle* $f(X)$ d'une seule variable indépendante X. Si nous remplaçons le quaternion X par son expression développée

$$x_0 + x_1 \iota_1 + x_2 \iota_2 + x_3 \iota_3$$

et si nous faisons varier séparément x_0, x_1, x_2, x_3, nous aurons (**79**)

$$df = d_0 f + d_1 f + d_2 f + d_3 f.$$

Mais, dans cette relation, tous les éléments sont réels. Les dérivées $\dfrac{d_0 f}{dx_0}, \dfrac{d_1 f}{dx_1} \ldots$ sont donc bien déterminées, et nous pouvons poser

$$\frac{d_0 f}{dx_0} = p_0, \quad \frac{d_1 f}{dx_1} = -p_1, \quad \frac{d_2 f}{dx_2} = -p_2, \quad \frac{d_3 f}{dx_3} = -p_3,$$

p_0, p_1, p_2, p_3 étant des fonctions de X, mais non de dX.

Par conséquent, la différentielle peut s'écrire

$$df = p_0\,dx_0 - p_1\,dx_1 - p_2\,dx_2 - p_3\,dx_3,$$

c'est-à-dire, en posant $P = p_0 + p_1 \iota_1 + p_2 \iota_2 + p_3 \iota_3$,

$$df = \mathfrak{S}\,P\,dX.$$

P est ce qu'on peut appeler la *dérivée quaternion* de la fonction réelle f.

Si l'on avait une fonction réelle de plusieurs quaternions $f(X, Y, Z, \dots)$, on verrait sans peine, en faisant varier $X, Y, Z, \dots$ successivement, qu'on a

$$df = \mathfrak{S}\,P\,dX + \mathfrak{S}\,Q\,dY + \mathfrak{S}\,R\,dZ + \dots.$$

$P, Q, R, \dots$ sont les *dérivées partielles* de la fonction réelle f par rapport aux quaternions $X, Y, Z, \dots$.

Il est clair que les mêmes conclusions subsistent si les variables indépendantes sont des vecteurs $x, y, z, \dots$, et non plus des quaternions. Seulement dx_0 disparaît, de même que $d_0 f$ et p_0, dans le calcul ci-dessus, de sorte que les dérivées $P, Q, \dots$ se réduisent elles-mêmes à des vecteurs et qu'on a, pour

$$f(x, y, z, \dots),$$
$$df = \mathfrak{S}\,P\,dx + \mathfrak{S}\,Q\,dy + \mathfrak{S}\,R\,dz + \dots.$$

Dans les applications, l'usage de ces dérivées partielles géométriques est souvent très avantageux.

Définition de l'opérateur ∇.

86. Hamilton a représenté par le symbole ∇ l'opération complexe $\iota_1 \dfrac{d}{dx_1} + \iota_2 \dfrac{d}{dx_2} + \iota_3 \dfrac{d}{dx_3}$ s'appliquant à une

fonction d'un vecteur, c'est-à-dire que, posant

$$\mathbf{x} = x_1\,\iota_1 + x_2\,\iota_2 + x_3\,\iota_3,$$

nous aurons

$$\nabla f(\mathbf{x}) = \iota_1\,\frac{df}{dx_1} + \iota_2\,\frac{df}{dx_2} + \iota_3\,\frac{df}{dx_3}.$$

Supposons qu'il s'agisse d'une fonction *réelle*. L'expression $\nabla f(\mathbf{x})$ se réduira à un vecteur, et, comme

$$d\mathbf{x} = \iota_1\,dx_1 + \iota_2\,dx_2 + \iota_3\,dx_3,$$

nous aurons aussi

$$-S\big[\nabla f(\mathbf{x})\,d\mathbf{x}\big] = \frac{df}{dx_1}\,dx_1 + \frac{df}{dx_2}\,dx_2 + \frac{df}{dx_3}\,dx_3 = df(\mathbf{x}).$$

Supposons maintenant qu'on ait écrit

$$f(\mathbf{x}) = \text{const.},$$

équation qui représente évidemment une surface.

Nous tirons de là

$$df(\mathbf{x}) = 0,$$

et par conséquent

$$S\big[\nabla f(\mathbf{x})\,d\mathbf{x}\big] = 0.$$

$\nabla f(\mathbf{x})$ représente donc un vecteur dirigé suivant la normale au point correspondant de la surface, puisqu'il est perpendiculaire à $d\mathbf{x}$.

Il est facile de reconnaître, si l'on considère deux surfaces de la même famille obtenues en faisant varier la constante, que le module de $\nabla f(\mathbf{x})$ est inversement proportionnel à la distance normale de deux surfaces infiniment voisines.

Différentiation des fonctions implicites.

87. Si l'on donne une relation $f(X, Y) = 0$, on en peut tirer, en écrivant

$$df(X, Y) = 0,$$

une équation qui contiendra dX et dY. Le premier membre sera une fonction linéaire et homogène de ces deux différentielles. On est ainsi ramené à une autre question (celle de la résolution des équations) dont nous parlerons sans doute un peu plus tard, mais qui est en général assez compliquée. Dans un grand nombre d'applications, les calculs peuvent se simplifier, du reste, dans une proportion considérable.

EXERCICES PROPOSÉS SUR LE CHAPITRE V.

Établir les formules suivantes :

1. $d.\mathfrak{SU}\,X = \mathfrak{S}.\mathfrak{U}\,X\mathfrak{V}\,\dfrac{dX}{X} = -\,\mathfrak{S}\,\dfrac{dX}{X\,\mathfrak{UV}\,X}\,\mathfrak{TVU}\,X.$

2. $d.\mathfrak{VU}\,X = \mathfrak{V}.\mathfrak{U}\,X^{-1}\,\mathfrak{V}\,(dX\,.\,X^{-1}).$

3. $d.\mathfrak{TVU}\,X = \mathfrak{S}\,\dfrac{d\mathfrak{U}\,X}{\mathfrak{UV}\,X} = \mathfrak{S}\,\dfrac{dX}{X\,\mathfrak{UV}\,X}\,\mathfrak{SU}\,X.$

4. Trouver la différentielle de $\sqrt{X}$.

5. Trouver la différentielle de $\sqrt[3]{X}$.

6. Calculer $d^2(\mathfrak{U}\mathrm{x})$, x étant un vecteur.

7. Montrer que $d^2(\mathfrak{T} X)$ peut s'écrire $- \mathfrak{T} X \left(\mathfrak{v} \dfrac{dX}{X} \right)^2$.

8. Différentier A^x, x étant une variable réelle, en supposant successivement que A soit un quaternion quelconque, un quaternion unitaire, un vecteur quelconque, un vecteur unitaire.

9. Soit $f(\mathbf{x}) = \Sigma \mathfrak{S}_{A\mathbf{X}} \mathfrak{S}_{B\mathbf{X}} + \frac{1}{2} g \mathbf{x}^2$. Si $df(\mathbf{x}) = \mathfrak{S}_N d\mathbf{x}$, montrer qu'on a $\mathbf{N} = \Sigma \mathfrak{V}_{A\mathbf{X}B} + \left(g + \Sigma \mathfrak{S}_{AB} \right) \mathbf{x}$.

CHAPITRE VI.

L'ELLIPSE.

Équations de l'ellipse.

88. Supposons que l'ellipse soit définie comme le lieu des points tels que le rapport de leurs distances à un point fixe **F** (*fig.* 24) et à une droite fixe DE soit égal à une constante *e*, *e* étant plus petit que 1.

Fig. 24.

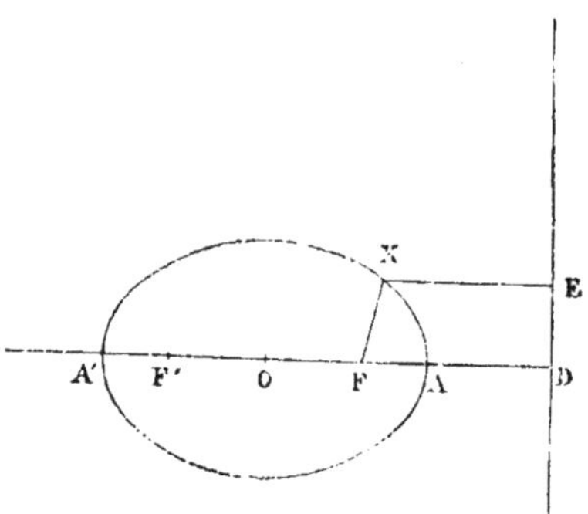

Alors, en appelant в le vecteur FD perpendiculaire à DE, nous aurons pour équation de la courbe (Ex. **24**)

$$(1) \qquad \text{в}^2 \text{x}^2 = c^2 (\text{в}^2 - \mathfrak{S}\,\text{вx})^2,$$

équation qu'il serait d'ailleurs bien facile d'établir directement.

Cherchons les points où l'ellipse coupe la droite FD.

Pour cela, remplaçons x par x_B ; cela nous donnera

$$x^2 = e^2 (1 - x)^2,$$

d'où

$$x' = \frac{e}{1 + e}, \quad x'' = -\frac{e}{1 - e}.$$

Ces deux valeurs sont l'une positive, l'autre négative, puisque $e < 1$, et, par suite, les points cherchés A et A′ sont de part et d'autre de F. Ainsi

$$FA = \frac{e}{1 + e} FD, \quad FA' = -\frac{e}{1 - e} FD.$$

De là, en appelant O le milieu de A′A,

$$OF = \frac{e^2}{1 - e^2} FD, \quad A'A = \frac{2e}{1 - e^2} FD, \quad \frac{OF}{A'A} = \frac{e}{2},$$

ou encore, en posant $AA' = 2a_1$,

$$OF = ea_1.$$

En posant

$$OF = F, \quad OA = A, \quad OX = x',$$

les relations précédentes donnent

$$F = \frac{e^2}{1 - e^2} B = eA.$$

On a, en outre,

$$x' = F + x.$$

Si l'on porte dans l'équation (1) les valeurs de B et de x résultant de ces relations, on trouve, après des réductions très faciles,

$$a_1^2 x'^2 + (FX')^2 = a_1^2 (e^2 - 1).$$

C'est, en supprimant l'accent et prenant OX comme

vecteur courant, l'équation de l'ellipse rapportée au centre comme origine.

Nous pouvons aussi trouver directement cette équation en partant de la propriété des deux foyers

$$\mathfrak{T}\,\mathrm{XF} + \mathfrak{T}\,\mathrm{XF}' = 2a_1.$$

Remplaçant en effet OX par x et posant toujours $\mathrm{OF} = -\,\mathrm{OF}' = \mathrm{F}$, cette relation nous donnera

$$\sqrt{-(\mathrm{x}+\mathrm{F})^2} + \sqrt{-(\mathrm{x}-\mathrm{F})^2} = 2a_1.$$

On en tire, en isolant d'abord le premier radical,

$$a_1^2 + \mathfrak{S}\,\mathrm{FX} = a_1\sqrt{-(\mathrm{x}-\mathrm{F})^2},$$

puis, en élevant au carré, réduisant et tenant toujours compte du module de F,

$$(2)\qquad a_1^2\,\mathrm{x}^2 + (\mathfrak{S}\,\mathrm{FX})^2 = a_1^4\,(e^2 - 1).$$

89. Posons

$$(3)\qquad \Phi\,\mathrm{x} = \frac{a_1^2\,\mathrm{x} + \mathrm{F}\,\mathfrak{S}\,\mathrm{FX}}{a_1^4\,(e^2 - 1)}.$$

La fonction $\Phi\,\mathrm{x}$ représentera évidemment un vecteur qui coïncidera avec x en direction lorsqu'on donnera à x la direction de F ou bien une direction perpendiculaire, et dans ces deux cas seulement.

Au moyen de ce symbole, nous arrivons à donner à l'équation (2) la forme extrêmement simple

$$(4)\qquad \mathfrak{S}\,\mathrm{x}\,\Phi\,\mathrm{x} = 1.$$

La simple inspection de la forme (3) de la fonction Φ montre qu'on a

$$(5)\qquad \Phi\,k\,\mathrm{x} = k\,\Phi\,\mathrm{x},$$

$$(6)\qquad \Phi\,(\mathrm{x}+\mathrm{y}) = \Phi\,\mathrm{x} + \Phi\,\mathrm{y}.$$

De plus, nous avons

$$Y \Phi X = \frac{a_1^2\, YX + YF\, S\, FX}{a_1^4\,(e^2 - 1)},$$

$$X \Phi Y = \frac{a^2\, XY + XF\, S\, FY}{a_1^4\,(e^2 - 1)},$$

et par conséquent

$$(7) \qquad S\, X \Phi Y = S\, Y \Phi X.$$

Ces propriétés (5), (6), (7) de la fonction Φ sont tout à fait fondamentales.

Nous aurons occasion de revenir ultérieurement sur ces notions, en les généralisant beaucoup. Pour l'instant, ces simples indications nous suffisent.

Tangente à l'ellipse.

90. Prenons un point sur la courbe représentée par l'équation (4); puis donnons au vecteur de ce point un accroissement infiniment petit dx, en ne quittant pas la courbe. Alors nous aurons (81)

$$S\,(dx.\Phi x) + S\,(x\,d\Phi x) = 0.$$

Mais la propriété (6) ci-dessus montre immédiatement que $d\Phi x = \Phi dx$. Donc, en vertu de la propriété (7),

$$(8) \qquad S\,(dx.\Phi x) = 0,$$

ce qui montre que le vecteur Φx est dirigé suivant la normale à la courbe.

Actuellement, un point quelconque de la tangente est donné par $y = x + \dfrac{dx}{k}$, k étant un infiniment petit réel.

Donc, multipliant par Φx et prenant les parties réelles,

$$S\, Y \Phi X = S\, X \Phi X,$$

c'est-à-dire, en vertu de l'équation (4),

$$(9) \qquad S_Y \Phi_X = 1.$$

Telle est l'équation de la tangente en un point x donné sur l'ellipse.

La propriété réciproque (7) montre que l'équation de cette tangente pourrait encore se mettre sous la forme

$$(10) \qquad S_X \Phi_Y = 1.$$

Examen de quelques fonctions analogues à Φ.

91. Pour éclaircir un peu ces notions, nous pouvons les traduire rapidement en coordonnées cartésiennes. Rapportons X à deux axes rectangulaires, en posant

$$X = x_1 I_1 + x_2 I_2.$$

Alors on a

$$(11) \qquad \Phi_X = -\left[\frac{x_1}{a_1^2} I_1 + \frac{x_2}{a_1^2(1-e^2)} I_2 \right] = -\left(\frac{x_1}{a_1^2} I_1 + \frac{x_2}{a_2^2} I_2 \right),$$

en posant $a_2 = a_1 \sqrt{1 - e^2}$ (le demi-petit axe).

L'équation de l'ellipse (4) répond donc à la forme connue

$$\frac{x_1^2}{a_1^2} + \frac{x_2^2}{a_2^2} = 1,$$

et l'équation (9) de la tangente n'est autre que

$$\frac{x_1 y_1}{a_1^2} + \frac{x_2 y_2}{a_2^2} = 1,$$

équation ordinaire de la tangente.

On remarquera l'effet bien curieux de cette fonction Φ, qui *déforme* en quelque sorte les figures dans le plan suivant une certaine loi, puisqu'elle modifie tout vecteur x en altérant séparément ses deux coordonnées suivant des rapports différents.

Si l'on répète la même opération Φ sur Φx, nous aurons, en vertu de la définition cartésienne (11),

$$\Phi . \Phi x = \Phi^2 x = \frac{x_1}{a_1^4} I_1 + \frac{x_2}{a_2^4} I_2.$$

On aurait de même les symboles exprimés par Φ^3, Φ^4, ….

Inversement, appelons Φ^{-1} l'opération qu'il faudrait faire subir à Φx pour transformer ce vecteur en x. Alors

$$\Phi^{-1}\left(-\frac{x_1}{a_1^2} I_1 - \frac{x_2}{a_2^2} I_2\right) = x_1 I_1 + x_2 I_2,$$

c'est-à-dire, en remplaçant $-\frac{x_1}{a_1^2}$ par x'_1, $-\frac{x_2}{a_2^2}$ par x'_2, puis supprimant ensuite les accents,

$$\Phi^{-1} x = \Phi^{-1}\left(x_1 I_1 + x_2 I_2\right) = -\left(x_1 a_1^2 I_1 + x_2 a_2^2 I_2\right).$$

Enfin, si nous posons

$$\Psi x = \frac{x_1}{a_1} I_1 + \frac{x_2}{a_2} I_2,$$

il viendra

$$\Psi^2 x = \frac{x_1}{a_1^2} I_1 + \frac{x_2}{a_2^2} I_2 = -\Phi x,$$

$$\Psi^{-1} x = a_1 x_1 I_1 + a_2 x_2 I_2.$$

Toutes ces fonctions, comme la fonction fondamentale Φ dont elles résultent, jouissent des propriétés fondamentales (5), (6), (7).

92. On peut exprimer les propriétés précédentes très simplement sans recourir aux coordonnées ordinaires. Nous nous contenterons d'inscrire ici les formules sans démonstration, toute explication étant pour ainsi dire superflue :

$$(12) \qquad \Phi x = \frac{\mathfrak{l}_1 \, \mathfrak{S} \, \mathfrak{l}_1 x}{a_1^2} + \frac{\mathfrak{l}_2 \, \mathfrak{S} \, \mathfrak{l}_2 x}{a_2^2},$$

$$(13) \qquad \Phi^2 x = -\left(\frac{\mathfrak{l}_1 \, \mathfrak{S} \, \mathfrak{l}_1 x}{a_1^4} + \frac{\mathfrak{l}_2 \, \mathfrak{S} \, \mathfrak{l}_2 x}{a_2^4} \right) \cdots,$$

$$(14) \qquad \Phi^{-1} x = a_1^2 \, \mathfrak{l}_1 \, \mathfrak{S} \, \mathfrak{l}_1 x + a_2^2 \, \mathfrak{l}_2 \, \mathfrak{S} \, \mathfrak{l}_2 x,$$

$$(15) \qquad \Psi x = -\left(\frac{\mathfrak{l}_1 \, \mathfrak{S} \, \mathfrak{l}_1 x}{a_1} + \frac{\mathfrak{l}_2 \, \mathfrak{S} \, \mathfrak{l}_2 x}{a_2} \right),$$

$$(16) \qquad \Psi^2 x = - \, \Phi x,$$

$$(17) \qquad \Psi^{-1} x = - \left(a_1 \, \mathfrak{l}_1 \, \mathfrak{S} \, \mathfrak{l}_1 x + a_2 \, \mathfrak{l}_2 \, \mathfrak{S} \, \mathfrak{l}_2 x \right).$$

Une conséquence remarquable de ces formules est relative à une nouvelle forme de l'équation de l'ellipse (4). Cette équation, en vertu de la relation (16), peut en effet s'écrire

$$\mathfrak{S} x \Psi^2 x = - 1 \quad \text{ou} \quad \mathfrak{S} x \Psi(\Psi x) = - 1.$$

Mais, la propriété (7) étant applicable à la fonction Ψ, on a

$$\mathfrak{S} x \Psi(\Psi x) = \mathfrak{S} \Psi x \Psi x = (\Psi x)^2.$$

Donc, en définitive, l'équation de l'ellipse prend la forme

$$(18) \qquad \mathfrak{T} \Psi x = 1.$$

Ainsi Ψx est un vecteur unitaire, et l'équation de l'ellipse est ici la même que celle d'une circonférence, ce qui s'explique tout naturellement dès qu'on examine la signification géométrique de la fonction Ψ.

Tangente par un point extérieur.

93. Nous avons vu plus haut que l'équation de la tangente en un point x donné sur la courbe est

$$(9) \qquad\qquad S\,Y\,\Phi\,x = 1$$

ou

$$(10) \qquad\qquad S\,x\,\Phi\,Y = 1.$$

Supposons maintenant que le point Y soit donné et
que par ce point nous voulions mener une tangente à
l'ellipse.

L'équation (10) nous déterminera le point de contact x que nous cherchons ; mais cette équation, en y
regardant x comme vecteur courant, représente une
droite, qui est par conséquent la corde des contacts. La
direction de cette corde est perpendiculaire à ΦY.

Si nous prenons un point extérieur quelconque R sur
la corde des contacts, la nouvelle corde des contacts répondant à ce point aura pour équation $S\,z\,\Phi\,R = 1$; mais
on a, en outre, $S\,R\,\Phi\,Y = 1$, puisque R est pris sur la corde
des contacts répondant à Y. De là $S\,Y\,\Phi\,R = 1$, c'est-à-
dire que la corde des contacts répondant à R passe par Y,
propriété identique à celle que nous avons remarquée
dans le Chapitre IV pour la circonférence.

Il ne serait pas bien difficile de montrer que la droite
$S\,x\,\Phi\,Y = 1$ n'est autre que la polaire du point Y, que
celui-ci soit extérieur ou intérieur, et d'établir, en partant de là, toutes les principales propriétés des polaires.
Nous ne nous y arrêterons pas, et nous nous contenterons seulement d'attirer l'attention sur la relation entre
la direction du vecteur Y et celle de la polaire du point Y.
Cette dernière, d'après l'équation (10), est perpendicu-

laire à ΦY, et, par conséquent, si P est un vecteur quelconque suivant la polaire,

$$(19) \qquad S_P \Phi Y = 0.$$

Diamètres. — Diamètres conjugués. — Cordes supplémentaires.

94. Soit que nous cherchions le lieu géométrique des milieux des cordes parallèles à une direction déterminée par le vecteur Q. Si P est le milieu d'une de ces cordes, il est évident que les deux points où elle coupe la courbe sont donnés par $P + xQ$ et $P - xQ$. Or, ces deux points étant sur l'ellipse, on a

$$S(P + xQ)\Phi(P + xQ) = 1,$$
$$S(P - xQ)\Phi(P - xQ) = 1.$$

Développant et retranchant, on obtient, en vertu des propriétés du n° 89,

$$S_P \Phi_Q = 0,$$

formule analogue à la relation (19) du numéro précédent.

Le lieu cherché est donc une droite perpendiculaire à ΦQ; or, si nous supposons l'extrémité de Q sur la courbe (puisque jusqu'à présent nous n'avons pas défini son module), ΦQ représente la normale en Q (90). Ainsi, le diamètre est parallèle à la tangente en Q, propriété bien connue.

95. La relation précédente donne

$$S_Q \Phi_P = 0,$$

et, si nous supposons que P soit un demi-diamètre, nous voyons que Q représentera le diamètre qui partage également les cordes parallèles à P; ainsi, les deux directions de P et de Q sont complètement réciproques : ce sont celles de deux *diamètres conjugués*.

On vérifie que les directions de deux *cordes supplémentaires* sont conjuguées, car soient A le vecteur d'un point de la courbe, B un demi-diamètre quelconque, les deux cordes supplémentaires seront représentées par $A - B$, $A + B$. Or

$$S(A - B)\,\Phi(A + B) = S_A \Phi_A - S_B \Phi_B = 0,$$

puisque A et B sont les vecteurs de points sur la courbe.

96. L'équation de l'ellipse rapportée à deux diamètres conjugués se déduit immédiatement des propriétés précédentes. En effet, soient P et Q les deux demi-diamètres, et $X = uP + vQ$ le vecteur d'un point de la courbe. Il viendra

$$S(uP + vQ)\,\Phi(uP + vQ) = 1$$

ou, en tenant compte des propriétés de P et Q,

$$u^2\,S_P \Phi_P + v^2\,S_Q \Phi_Q = 1,$$

c'est-à-dire

$$u^2 + v^2 = 1.$$

Théorèmes d'Apollonius.

97. En vertu de la relation (16), la relation entre deux diamètres conjugués peut s'écrire

$$S_P \Psi^2 Q = 0 \quad \text{ou} \quad S \Psi_P \Psi_Q = 0.$$

Ces deux fonctions Ψ_P, Ψ_Q représentent donc deux vecteurs rectangulaires.

Cela posé, on a, d'après la formule (17),

$$P = \Psi^{-1}\Psi_P = -(a_1 \iota_1 S \iota_1 \Psi_P + a_2 \iota_2 S \iota_2 \Psi_P),$$
$$Q = \Psi^{-1}\Psi_Q = -(a_1 \iota_1 S \iota_1 \Psi_Q + a_2 \iota_2 S \iota_2 \Psi_Q).$$

Mais Ψ P, Ψ Q (92) sont des vecteurs unitaires. On peut donc les écrire sous la forme

$$\Psi P = I_1 \cos\theta + I_2 \sin\theta, \quad \Psi Q = - I_1 \sin\theta + I_2 \cos\theta,$$

de sorte que P et Q deviennent

$$P = a_1 I_1 \cos\theta + a_2 I_2 \sin\theta,$$
$$Q = - a_1 I_1 \sin\theta + a_2 I_2 \cos\theta.$$

De là

$$(20) \qquad\qquad P^2 + Q^2 = - (a_1^2 + a_2^2),$$

$$(21) \qquad\qquad \mathcal{V} PQ = - a_1 a_2 I_3,$$

I_3 représentant le vecteur $- I_1 I_2$ perpendiculaire au plan de la figure.

Ces deux relations (20) et (21) expriment évidemment les deux théorèmes d'Apollonius.

EXERCICES.

47. *Distance du centre à une tangente.*

Soient X le point de contact, Y le pied de la perpendiculaire abaissée du centre. Alors $Y = z\Phi X$, et, de plus, Y étant sur la tangente, $S Y \Phi X = I$, ou $z(\Phi X)^2 = I$, $z = \dfrac{I}{(\Phi X)^2}$. Par conséquent, $Y = \dfrac{I}{\Phi X}$, et (91)

$$\mathcal{C} Y = \frac{I}{\mathcal{C}\,\Phi X} = \frac{I}{\sqrt{\dfrac{x_1^2}{a_1^4} + \dfrac{x_2^2}{a_2^4}}}.$$

48. *Produit des distances des deux foyers à une même tangente.*

Soient X le point de contact, FY et F'Y' les deux perpendiculaires abaissées des foyers. Alors $Y = F + z\Phi x$, et

$$S\left(F + z\Phi x\right)\Phi x = 1, \qquad z = \frac{1 - SF\Phi x}{(\Phi x)^2},$$

d'où

$$T\,FY = T\,\frac{1 - SF\Phi x}{\Phi x}.$$

De même, en changeant F en $-F$,

$$T\,F'Y' = T\,\frac{1 + SF\Phi x}{\Phi x},$$

et le produit cherché est

$$FY \cdot F'Y' = \frac{1 - (SF\Phi x)^2}{(\Phi x)^2}.$$

En substituant la valeur de Φx du n° **89**, on trouve sans peine que cette expression se réduit à $a_1^2(e^2 - 1) = -a_2^2$. Le produit des deux distances est donc égal au carré du petit axe.

49. *Lieu des pieds des perpendiculaires abaissées d'un foyer sur les tangentes.*

Gardant les mêmes notations que dans l'exemple précédent, nous avons

$$Y = F + z\Phi x = F + \frac{1 - SF\Phi x}{(\Phi x)^2}\,\Phi x.$$

De là

$$Y^2 = F^2 + \frac{2\,SF\Phi x\,(1 - SF\Phi x)}{(\Phi x)^2} + \frac{(1 - SF\Phi x)^2}{(\Phi x)^4}$$

$$= F^2 + \frac{1 - (SF\Phi x)^2}{(\Phi x)^2} = -a_1^2 e^2 + a_1^2(e^2 - 1) = -a_1^2.$$

Le lieu est donc une circonférence décrite sur le grand axe comme diamètre.

50. *Une droite mobile reste constamment tangente à une cir-*

*conférence concentrique à l'ellipse. On demande le lieu des pôles
de cette droite.*

Y étant le pôle, la polaire a pour équation $\mathfrak{S}\,\mathrm{x}\,\Phi\,\mathrm{y} = 1$. La
distance du pôle à cette droite est $\mathfrak{T}\,\dfrac{1}{\Phi\,\mathrm{Y}} = k$. Donc l'équation
du lieu cherché est

$$(\Phi\,\mathrm{Y})^2 = -\frac{1}{k^2},$$

qui peut s'écrire

$$\mathfrak{S}\,\Phi\,\mathrm{Y}\,\Phi\,\mathrm{Y} = \mathfrak{S}\left(\mathrm{Y}\,\Phi\,\Phi\,\mathrm{Y}\right) = \mathfrak{S}\,\mathrm{Y}\,\Phi^2\,\mathrm{Y} = -\frac{1}{k^2},$$

ou enfin (91)

$$\frac{y_1^2}{a_1^4} + \frac{y_2^2}{a_2^4} = \frac{1}{k^2},$$

équation d'une ellipse.

51. *D'un point extérieur P on mène deux tangentes PQ, PR
à l'ellipse; par le centre, on trace les demi-diamètres OQ$'$, OR$'$
respectivement parallèles aux deux tangentes. Démontrer que
les deux cordes QR, Q$'$R$'$ sont parallèles.*

On a, en effet, $\mathrm{Q}' = u(\mathrm{P} - \mathrm{Q})$, et, Q' étant le vecteur d'un
point de la courbe,

$$u^2\,\mathfrak{S}(\mathrm{P} - \mathrm{Q})\,\Phi\,(\mathrm{P} - \mathrm{Q}) = 1 \quad \text{ou} \quad u^2(\mathfrak{S}\,\mathrm{P}\,\Phi\,\mathrm{P} - 1) = 1.$$

On trouverait la même valeur pour v que pour u, en posant
$\mathrm{R}' = v(\mathrm{P} - \mathrm{R})$. D'où $\mathrm{Q}' - \mathrm{R}' = u(\mathrm{R} - \mathrm{Q})$, ce qui démontre la
propriété en question.

52. *Si un parallélogramme est inscrit à une ellipse, ses côtés
sont parallèles à deux diamètres conjugués.*

Soit PQRS le parallélogramme. On a

$$\mathrm{S} - \mathrm{P} = \mathrm{R} - \mathrm{Q} = \mathrm{D},$$

et

$$\mathfrak{S}_S \Phi_S = \mathfrak{S}(P + D)\Phi(P + D) = 1 + 2\mathfrak{S}_P \Phi_D + \mathfrak{S}_D \Phi_D = 1,$$

$$2\mathfrak{S}_P \Phi_D + \mathfrak{S}_D \Phi_D = 0.$$

De même,

$$2\mathfrak{S}_Q \Phi_D + \mathfrak{S}_D \Phi_D = 0,$$

et, par soustraction,

$$\mathfrak{S}(P - Q)\Phi_D = \mathfrak{S}(P - Q)\Phi(R - Q) = 0,$$

ce qui démontre le théorème.

EXERCICES PROPOSÉS SUR LE CHAPITRE VI.

1. Lieu des milieux des cordes qui passent toutes par un point donné.

2. Lieu des milieux des droites de longueur constante s'appuyant par leurs extrémités sur deux droites fixes dans l'espace.

3. Si deux cordes d'une ellipse se coupent, les rectangles de leurs segments sont proportionnels aux carrés des demi-diamètres parallèles.

4. Soient BOB′, COC′ deux diamètres conjugués : démontrer que les longueurs BC et BC′ sont proportionnelles aux diamètres parallèles à ces droites.

5. Les diamètres dirigés suivant les diagonales du rectangle construit sur les axes sont égaux et conjugués.

6. Les diamètres dirigés suivant les diagonales d'un parallélogramme circonscrit à l'ellipse sont conjugués.

7. Les sommets de tout parallélogramme circonscrit à une ellipse sont situés sur une ellipse semblable et d'aire double.

8. La normale en un point quelconque de la courbe est bissectrice de l'angle formé par les droites menées de ce point aux deux foyers.

9. Lieu des angles droits circonscrits à l'ellipse.

10. Si par les extrémités des axes d'une ellipse on mène quatre droites parallèles, les points où elles coupent la courbe sont les extrémités de deux diamètres conjugués.

11. Si par les extrémités de chacun de deux demi-diamètres quelconques on mène des tangentes jusqu'à l'autre, les deux triangles ainsi formés sont équivalents.

12. Soient PQ, PR deux tangentes à une ellipse en Q et R, et QOQ' le diamètre passant en Q : la droite Q'R est parallèle à OP.

13. Trouver l'enveloppe de la corde qui joint les extrémités de deux demi-diamètres conjugués d'une ellipse.

14. Si des tangentes menées en trois points P, Q, R d'une ellipse se coupent en R_1, P_1, Q_1, démontrer que

$$PR_1 . QP_1 . RQ_1 = PQ_1 . QR_1 . RP_1.$$

CHAPITRE VII.

L'HYPERBOLE.

Équations de l'hyperbole.

98. Si l'on définit l'hyperbole par la propriété du foyer et de la directrice, il est évident que l'équation de la courbe sera identique à celle de l'ellipse, écrite au n° **88**,

$$(1) \qquad B^2 X^2 = e^2 (B^2 - SBX)^2,$$

e étant seulement ici plus grand que 1. On verrait de même que les sommets A et A' (*fig.* 25) sont donnés

Fig. 25.

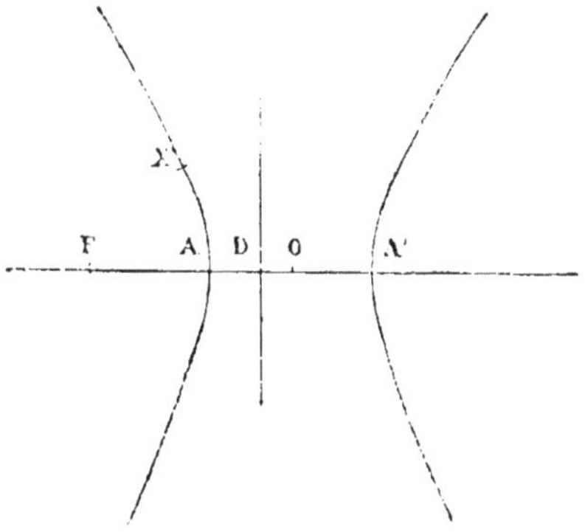

par les relations

$$FA = \frac{e}{e+1} FD, \quad FA' = \frac{e}{e-1} FD.$$

Alors, O étant le centre,

$$FO = \frac{c^2}{c^2 - 1}\, FD, \quad AA' = \frac{2c}{c^2 - 1}\, FD,$$

$$\frac{FO}{AA'} = \frac{c}{2}, \quad OF = c.OA,$$

$$\mathfrak{C}\, OF = e a_1.$$

Posant $OF = F$, $OA = A$,

$$F = -\frac{c^2}{c^2 - 1}\, B = c\, A,$$

et de là on déduit l'équation, rapportée au centre pris pour origine,

$$(2) \qquad a_1^2\, X^2 + (\mathfrak{S}\, FX)^2 = a_1^4 (c^2 - 1),$$

équation qui se tirerait aussi de la propriété des foyers et qu'on peut transformer en écrivant

$$(3) \qquad \Phi X = \frac{a_1^2\, X + F\, \mathfrak{S}\, FX}{a_1^4 (c^2 - 1)},$$

ce qui donne

$$(4) \qquad \mathfrak{S}\, X\, \Phi X = 1.$$

La fonction Φ est identique de forme avec celle que nous avons introduite au n° **89**. Elle possède les mêmes propriétés. Seulement, comme $c > 1$, on ne peut plus poser $a_2 = a_1 \sqrt{1 - c^2}$, mais bien $a_2 = a_1 \sqrt{c^2 - 1}$. Alors

$$\Phi X = -\left(\frac{x_1}{a_1^2}\, I_1 - \frac{x_2}{a_2^2}\, I_2 \right),$$

si

$$X = x_1 I_1 + x_2 I_2.$$

L'équation (4) n'est donc autre que

$$\frac{x_1^2}{a_1^2} - \frac{x_2^2}{a_2^2} = 1,$$

forme cartésienne ordinaire.

Nous avons les relations

$$(5) \qquad \Phi x = -\left(\frac{x_1}{a_1^2}\,\mathrm{I}_1 - \frac{x_2}{a_2^2}\,\mathrm{I}_2\right) = \frac{\mathrm{I}_1\,S\,\mathrm{I}_1\,x}{a_1^2} - \frac{\mathrm{I}_2\,S\,\mathrm{I}_2\,x}{a_2^2},$$

$$(6) \qquad \Phi^2 x = \frac{x_1}{a_1^4}\,\mathrm{I}_1 + \frac{x_2}{a_2^4}\,\mathrm{I}_2 = -\left(\frac{\mathrm{I}_1\,S\,\mathrm{I}_1\,x}{a_1^4} + \frac{\mathrm{I}_2\,S\,\mathrm{I}_2\,x}{a_2^4}\right),$$

$$(7) \qquad \Phi^{-1} x = -\left(x_1\,a_1^2\,\mathrm{I}_1 - x_2\,a_2^2\,\mathrm{I}_2\right) = a_1^2\,\mathrm{I}_1\,S\,\mathrm{I}_1\,x - a_2^2\,\mathrm{I}_2\,S\,\mathrm{I}_2\,x;$$

mais nous ne pouvons plus introduire, comme pour l'ellipse, une fonction vectorielle Ψ telle que $\Psi^2 x = -\Phi x$, et, par conséquent, il est impossible de donner à l'équation de l'hyperbole la forme (18) du n° **92**.

Tangente à l'hyperbole.

99. Comme pour l'ellipse, nous verrions que Φx est un vecteur normal à la courbe en X et que l'équation de la tangente en ce point est

$$(8) \qquad S\,\mathrm{Y}\,\Phi\,x = S\,x\,\Phi\,\mathrm{Y} = \mathrm{I}.$$

Cette même équation, en y considérant au contraire Y comme donné et x comme vecteur courant, représente la polaire du point Y, laquelle est perpendiculaire à $\Phi\,\mathrm{Y}$.

Diamètres. — Hyperbole conjuguée. — Asymptotes.

100. Comme au n° **94**, nous verrions que le lieu des milieux des cordes parallèles à une direction Q est une droite passant par le centre et de telle direction P que l'on ait

$$(9) \qquad S\,\mathrm{P}\,\Phi\,\mathrm{Q} = 0.$$

Les deux directions P, Q sont dites *conjuguées*.

Mais ici il se produit une différence capitale avec l'ellipse : c'est qu'une droite de direction quelconque, issue du centre, ne rencontre pas nécessairement la courbe.

En effet, au Chapitre précédent, nous avions toujours, quel que fût x, $Sx\Phi x > 0$, en raison même de la formation de la fonction Φ, et, dès lors, il suffisait de disposer du module de x pour tomber sur un point de la courbe. Ici, au contraire, en partant de la formule (5), on voit que $Sx\Phi x$ ne sera positif que pour des directions de x comprises entre les deux limites $a_1 \iota_1 \pm a_2 \iota_2$. Ainsi, il y aura des diamètres rencontrant la courbe et d'autres ne la rencontrant pas, ou, comme on le dit par abréviation, des diamètres réels et imaginaires.

On reconnaît sans peine que, si l'une des deux directions conjuguées p et q de la relation (9) ci-dessus est réelle, l'autre est imaginaire, et réciproquement. Par conséquent, *les extrémités de deux diamètres conjugués* serait une expression dénuée de sens, si l'on ne pouvait lui en donner un par l'introduction de l'hyperbole ayant pour équation

$$(10) \qquad Sx\Phi x \quad -1,$$

dite *hyperbole conjuguée* de celle qui a pour équation (4). L'hyperbole conjuguée a pour diamètres réels les diamètres imaginaires de l'autre, et réciproquement.

L'équation

$$(11) \qquad Sx\Phi x = 0$$

représente l'ensemble des deux droites issues du centre et fixant les directions limites, c'est-à-dire des deux *asymptotes*.

Avec l'hyperbole conjuguée, considérée comme complétant la courbe, les propriétés des diamètres de l'ellipse, démontrées aux n°s **94** et suivants, subsistent intégralement.

101. Soient u et v deux vecteurs unitaires suivant les asymptotes. Posons $x = u\,u + \nu\,v$. Alors l'équation (4) devient

$$u^2\,S\,u\,\Phi\,u + v^2\,S\,v\,\Phi\,v + 2\,u\nu\,S\,u\,\Phi\,v = 1$$

ou, les deux premiers termes disparaissant, en vertu de l'équation (11),

$$(12) \qquad\qquad u\nu = \frac{1}{2\,S\,u\,\Phi\,v} = k^2.$$

Nous obtenons donc ainsi l'équation de l'hyperbole rapportée à ses asymptotes.

Il est facile de reconnaître que la constante k^2 a pour valeur $\dfrac{a_1^2 + a_3^2}{4}$.

102. La tangente en X a pour équation

$$S\,Y\,\Phi\,x = 1.$$

Si nous cherchons son intersection avec le système des asymptotes (11), nous remplacerons y par $x + z\tau$, τ désignant un vecteur suivant la tangente, et nous aurons

$$S\,(x + z\tau)\,\Phi\,(x + z\tau) = 0 \qquad \text{ou} \qquad 1 + z^2\,S\,\tau\,\Phi\,\tau = 0.$$

Cette équation donnant pour z deux valeurs égales et de signes contraires, nous voyons que la tangente, limitée aux deux asymptotes, a pour point milieu le point de contact.

Si P est le milieu d'une corde qui coupe la courbe en X, X' et les asymptotes en Y, Y', soit q un vecteur unitaire suivant cette corde. Alors, posant $PX = x\,q$, $PY = y\,q$, on a, en exprimant que X est sur la courbe et Y sur les asymptotes,

$$S\,p\,\Phi\,p + x^2\,S\,q\,\Phi\,q = 1,$$
$$S\,p\,\Phi\,p + y^2\,S\,q\,\Phi\,q = 0,$$

d'où

$$(x^2 - y^2)\, \mathfrak{S}_Q \Phi_Q = 1,$$

c'est-à-dire que le produit des deux segments de la corde, formés par les deux asymptotes et la courbe, reste constant lorsque cette corde se déplace parallèlement à elle-même.

Théorèmes d'Apollonius.

103. P et Q représentant deux demi-diamètres conjugués, le premier réel, le second imaginaire, nous pouvons mettre le premier sous la forme $a_1 u_1 \mathrm{I}_1 + a_2 u_2 \mathrm{I}_2$, le second sous la forme $a_1 v_1 \mathrm{I}_1 + a_2 v_2 \mathrm{I}_2$. Exprimant alors qu'on a

$$\mathfrak{S}_P \Phi_P = 1, \qquad \mathfrak{S}_Q \Phi_Q = -1 \quad \text{et} \quad \mathfrak{S}_P \Phi_Q = 0,$$

nous trouvons

$$u_1^2 - u_2^2 = 1, \qquad v_2^2 - v_1^2 = 1, \qquad u_1 v_1 = u_2 v_2,$$

relations auxquelles on satisfait en posant $u_1 = v_2 = \mathrm{Ch}\,\theta$, $u_2 = v_1 = \mathrm{Sh}\,\theta$. Alors

$$P = a_1 \mathrm{I}_1 \,\mathrm{Ch}\,\theta + a_2 \mathrm{I}_2 \,\mathrm{Sh}\,\theta,$$
$$Q = a_1 \mathrm{I}_1 \,\mathrm{Sh}\,\theta + a_2 \mathrm{I}_2 \,\mathrm{Ch}\,\theta.$$

De là

$$(13) \qquad P^2 - Q^2 = -(a_1^2 - a_2^2),$$

$$(14) \qquad \mathfrak{V}_{PQ} = -a_1 a_2 \mathrm{I}_3,$$

relations qui expriment les deux théorèmes d'Apollonius.

On reconnaît en outre, intuitivement pour ainsi dire, que le parallélogramme construit sur deux diamètres conjugués a ses sommets sur les asymptotes, car

$$\mathfrak{S}(P + Q)\Phi(P + Q) = \mathfrak{S}_P \Phi_P + \mathfrak{S}_Q \Phi_Q = 1 - 1 = 0.$$

Les diagonales de ce parallélogramme sont donc dirigées suivant les asymptotes, et les cordes joignant les extrémités de deux diamètres conjugués sont parallèles aux asymptotes, ce qu'on reconnaît d'ailleurs directement en vérifiant qu'on a

$$S\,(P - Q)\,\Phi\,(P' - Q) = o.$$

Forme vectorielle des équations.

104. Aussi bien pour l'hyperbole que pour l'ellipse, on peut représenter la courbe et rechercher ses propriétés au moyen d'équations vectorielles offrant une concordance complète avec celles de la Géométrie analytique ordinaire.

Ainsi, l'équation de l'hyperbole rapportée à ses axes pourra s'écrire

$$(15) \qquad x = a_1 u_1 I_1 + a_2 u_2 I_2,$$

avec la condition $u_1^2 - u_2^2 = 1$, ou, ce qui revient au même,

$$x = a_1 I_1 \operatorname{Ch}\theta + a_2 I_2 \operatorname{Sh}\theta,$$

ou encore, en posant $a_1 I_1 = A_1$, $a_2 I_2 = A_2$,

$$(16) \qquad x = A_1 \operatorname{Ch}\theta + A_2 \operatorname{Sh}\theta.$$

Cette forme (16) convient encore à l'hyperbole rapportée à deux diamètres conjugués quelconques A_1 et A_2, même lorsqu'ils ne sont pas rectangulaires. L'hyperbole conjuguée a pour équation

$$(17) \qquad x = A_1 \operatorname{Sh}\theta + A_2 \operatorname{Ch}\theta.$$

Revenons maintenant à l'équation de l'hyperbole rapportée à ses asymptotes (101). Si A, B sont deux vecteurs unitaires suivant les asymptotes, l'équation sera

$$X = u A + v B,$$

avec la condition $uv = k^2 = \dfrac{a_1^2 + a_2^2}{4}$, ou

$$X = u A + \dfrac{k^2 B}{u},$$

ou enfin, en n'assujettissant plus A et B à être unitaires et en remplaçant k^2 B par B,

$$(18) \qquad X = t A + \frac{B}{t},$$

forme extrêmement simple.

La direction de la tangente sera donnée par différentiation :

$$dX = A\, dt - \frac{B}{t^2}\, dt = \frac{dt}{t}\left(t A - \frac{B}{t} \right).$$

Ainsi $t A - \dfrac{B}{t}$ est parallèle à la tangente ; il est visible que c'est le demi-diamètre conjugué de x, si bien que l'hyperbole conjuguée a pour équation

$$(19) \qquad X = t A - \frac{B}{t}.$$

Nous bornerons là ces notions très sommaires sur l'hyperbole, et nous compléterons cette étude par un petit nombre d'exercices ; dans quelques-uns d'entre eux, nous reprendrons des propriétés déjà établies plus haut, comme application des équations vectorielles que nous venons de voir et afin de montrer la variété des ressources que présente la méthode des quaternions.

EXERCICES.

53. *Si l'on construit un parallélogramme* OLXM *sur les coor-données* OL, OM *d'un point* X *de la courbe* (*rapportée à ses asymptotes*), *la diagonale* LM *de ce parallélogramme sera parallèle à la tangente en* X.

En effet, l'équation (18) nous donne

$$OL = t_A, \quad OM = \frac{B}{t}, \quad \text{d'où} \quad ML = t_A - \frac{B}{t}.$$

54. *Tout diamètre* OX *aboutissant à un point de la courbe divise en parties égales les cordes parallèles à la tangente en* X.

Soit K un point de OX, avec $OK = \lambda.OX$; appelons LM la corde parallèle à la tangente en X qui passe par K ; nous aurons

$$\lambda\left(t_A + \frac{B}{t}\right) + x\left(t_A - \frac{B}{t}\right) = OL = t'_A + \frac{B}{t'}.$$

Donc $(\lambda + x)\, t = t'$, $\dfrac{\lambda - x}{t} = \dfrac{1}{t'}$, d'où $\lambda^2 - x^2 = 1$; par conséquent, x peut avoir deux valeurs égales et de signes contraires, c'est-à-dire que $KL = -KM$.

Remarque. — Deux vecteurs $x_A + y_B$, $x'_A + y'_B$ ont des directions conjuguées lorsque $\dfrac{y}{x} + \dfrac{y'}{x'} = 0$ ou $xy' + x'y = 0$. En appelant K le milieu de la corde donnée ML, on vérifierait immédiatement cette condition, ce qui donnerait encore une autre démonstration du théorème.

55. *Soient* TS, T'S' *deux tangentes à l'hyperbole, limitées aux asymptotes et se coupant en* R. *Démontrer :* 1° *que* TS', T'S *sont parallèles ;* 2° *que les triangles* TRT', SRS' *sont équivalents ;* 3° *que le rayon* OR, *issu du centre, partage par le milieu* TS' *et* T'S.

1° L'équation de la tangente TS en X est

$$X = t_A + \frac{B}{t} + x\left(t_A - \frac{B}{t}\right);$$

faisant $x = 1$, puis $x = -1$, on a

$$OT = 2t_A, \quad OS = \frac{2B}{t}$$

et de même

$$OT' = 2t'_A, \quad OS' = \frac{2B}{t'}.$$

De là,

$$TS' = \frac{2}{t'}(B - tt'_A), \quad T'S = \frac{2}{t}(B - tt'_A).$$

Or, on a aussi

$$X - X' = \left(\frac{1}{t} - \frac{1}{t'}\right)(B - tt'_A);$$

donc TS', T'S sont parallèles entre eux et à X'X.

2° Écrivons $OR = OT + z.TS = OT' + z'.T'S'$, ou, d'après les valeurs précédentes,

$$2t_A + 2z\left(\frac{B}{t} - t_A\right) = 2t'_A + 2z'\left(\frac{B}{t'} - t'_A\right).$$

De là,

$$t(1 - z) = t'(1 - z'), \quad \frac{z}{t} = \frac{z'}{t'},$$

ce qui donne

$$zt - z't' = t - t',$$
$$z't - zt' = 0,$$
$$(z + z')(t - t') = t - t',$$
$$z + z' = 1,$$

c'est-à-dire

$$\frac{TR}{TS} + \frac{T'R}{T'S'} = 1,$$

d'où l'on déduit sans peine la relation entre longueurs

$$RT.RT' = RS.RS',$$

qui démontre l'équivalence des deux triangles TRT', SRS'.

3° Les relations précédentes donnent $z = \dfrac{t}{t + t'}$, d'où

$$OR = 2\,t\,\text{A} + 2\,\frac{t}{t + t'}\left(\frac{\text{B}}{t} - t\,\text{A}\right) = \frac{2}{t + t'}\,tt'\,\text{A} + \text{B}.$$

Mais

$$OT + OS' = \frac{2}{t'}\,(tt'\,\text{A} + \text{B}), \quad OT' + OS = \frac{2}{t}\,(tt'\,\text{A} + \text{B});$$

donc OR a bien la même direction que la droite joignant O avec le milieu de TS' ou de $T'S$.

Autrement : 1° Soit $\text{X} = u\,\text{U} + v\,\text{V}$, $\text{X}' = u'\,\text{U} + v'\,\text{V}$, U et V étant des vecteurs unitaires suivant les asymptotes. Posons $\text{T} = t\,\text{U}$, $\text{T}' = t'\,\text{U}$, $\text{S} = s\,\text{V}$, $\text{S}' = s'\,\text{V}$. Alors

$$S_T \Phi \text{X} = t\,S_U \Phi\,(u\,\text{U} + v\,\text{V}) = tv\,S_U \Phi \text{V} = 1.$$

ou (101)

$$\frac{tv}{2\,uv} = 1, \quad t = 2\,u.$$

Donc

$$\text{T} = 2\,u\,\text{U},$$

et de même

$$\text{T}' = 2\,u'\,\text{U}, \quad \text{S} = 2\,v\,\text{V}, \quad \text{S}' = 2\,v'\,\text{V}.$$

$TS' = -2\,u\,\text{U} + 2\,v'\,\text{V}$, $T'S = -2\,u'\,\text{U} + 2\,v\,\text{V}$ sont donc des vecteurs parallèles entre eux et à

$$\text{XX}' = (u' - u)\,\text{U} + (v' - v)\,\text{V},$$

car $-\dfrac{v'}{u} = -\dfrac{v}{u'} = \dfrac{v' - v}{u' - u}$.

2° $\mathfrak{C}_T.\mathfrak{C}_S = \mathfrak{C}_{T'}.\mathfrak{C}_{S'} = 4\,uv = 4\,u'v'$. Les triangles OTS, $OT'S'$ sont donc équivalents, et, en retranchant le quadrilatère commun $OTRS'$, il en est de même de SRS', TRT'.

$3°$ $\mathfrak{S}_{R}\Phi x = 1$, $\mathfrak{S}_{R}\Phi x' = 1$, d'où $\mathfrak{S}_{R}\Phi(x - x') = 0$. Le vecteur R est donc conjugué de la direction XX', et, par conséquent, il divise en deux parties égales les cordes, soit de la courbe, soit du système des asymptotes, parallèles à cette direction. C'est ce qui a lieu pour TS' et $T'S$ en particulier.

56. *Si, par les points P, P' d'une hyperbole et par le point de contact Q d'une tangente parallèle à la corde PP', on mène des parallèles à l'une des asymptotes, qui rencontrent l'autre en C, C' et D, les trois longueurs OC, OD, OC' formeront une proportion continue.*

Soit $Q = t_A + \dfrac{B}{t}$; alors la direction de PP' est $t_A - \dfrac{B}{t}$, et nous avons

$$P = u_A + v_B = x\left(t_A + \frac{B}{t}\right) + y\left(t_A - \frac{B}{t}\right)$$

$$= (x + y)\,t_A + (x - y)\frac{B}{t},$$

$$P' = u'_A + v'_B = x\left(t_A + \frac{B}{t}\right) - y\left(t_A - \frac{B}{t}\right)$$

$$= (x - y)\,t_A + (x + y)\frac{B}{t}.$$

De là, $u = (x + y)\,t$, $u' = (x - y)\,t$ et $\dfrac{uu'}{t^2} = x^2 - y^2 = 1$ (Ex. 54), ce qui démontre le théorème.

57. *Si l'on prend une corde d'hyperbole pour diagonale d'un parallélogramme dont les côtés soient parallèles aux asymptotes, l'autre diagonale passe par le centre.*

Soient $x = t_A + \dfrac{B}{t}$, $x' = t'_A + \dfrac{B}{t'}$, les vecteurs des extrémités de la corde; l'autre diagonale sera évidemment

$$D = (t - t')_A - \left(\frac{1}{t} - \frac{1}{t'}\right)B = (t - t')\left(A + \frac{B}{tt'}\right);$$

elle passe par le milieu de la corde. Or, on résout l'équation

$$\frac{x + x'}{2} + z_1 D = \frac{t + t'}{2} A + \frac{t + t'}{2\,tt'} B + z\left(A + \frac{B}{tt'}\right) = 0$$

en posant

$$z = -\frac{t + t'}{2}.$$

Donc la diagonale passe bien par l'origine.

58. *Deux tangentes aux extrémités d'un même diamètre* BB_1 *rencontrent en* T *et* T_1 *la tangente menée au point* C *de la courbe;* OC', OB' *sont les demi-diamètres conjugués de* OC, OB. *Démontrer qu'on a*

1°
$$\frac{CT}{BT} = \frac{CT_1}{B_1 T_1} = \frac{OC'}{OB'};$$

2°
$$CT . CT_1 = \overline{OC'}^2;$$

3°
$$BT . B_1 T_1 = \overline{OB'}^2.$$

1° Désignons, comme d'usage, les vecteurs par les lettres de leurs extrémités, en remarquant que $B_1 = -B$. Nous aurons

$$\mathfrak{S}B\Phi B = 1, \quad \mathfrak{S}C\Phi C = 1, \quad \mathfrak{S}B'\Phi B' = -1, \quad \mathfrak{S}C'\Phi C' = -1,$$

$$\mathfrak{S}T\Phi B = 1, \quad \mathfrak{S}T_1\Phi B = -1, \quad \mathfrak{S}T\Phi C = 1, \quad \mathfrak{S}T_1\Phi C = 1.$$

Posons $CT = z.OC'$, $BT = y.OB'$. Alors $T - C = zC'$; donc

$$\frac{1}{z^2}\mathfrak{S}(T - C)\Phi(T - C) = \frac{1}{z^2}(\mathfrak{S}T\Phi T - 1) = -1$$

et

$$\frac{1}{y^2}\mathfrak{S}(T - B)\Phi(T - B) = \frac{1}{y^2}(\mathfrak{S}T\Phi T - 1) = -1.$$

Donc $y^2 = z^2$, d'où

$$\frac{CT}{BT} = \frac{OC'}{OB'};$$

on aurait de même

$$\frac{CT_1}{B_1 T_1} = \frac{OC'}{OB'}.$$

2° Soit $CT_1 = z_1 . OC'$, $T_1 - c = z_1 c'$. Alors

$$\frac{1}{z z_1} S (T - c) \Phi (T_1 - c) = 1$$

ou

$$\frac{1}{z z_1} \left(S T \Phi T_1 - 1 \right) = 1.$$

Or $S T \Phi (B - c) = 0$; donc T est de direction conjuguée à $B - c$, et par conséquent parallèle à $B + c$. De même la relation $S T_1 \Phi (B + c) = 0$ nous montre que T_1 est parallèle à $B - c$; donc T, T_1 sont de directions conjuguées, $S T \Phi T_1 = 0$, et, par conséquent,

$$z z_1 = 1, \quad CT . CT_1 = \overline{OC'}^2.$$

3° Comme $y = \pm z$, $y_1 = \pm z_1$, $y y_1 = \pm z z_1 = \pm 1$, ou

$$BT . B_1 T_1 = - \overline{OB'}^2.$$

59. *Trouver l'enveloppe d'une droite mobile telle que l'aire du triangle qu'elle forme avec deux droites données soit constante.*

Soient A, B des vecteurs unitaires suivant les deux droites, l'origine étant à leur point de rencontre, et LM une position de la droite mobile; nous avons $OL = u A$, $OM = v B$, et x, le vecteur du point de l'enveloppe, est

$$x = z u A + (1 - z) v B.$$

Différentiant,

$$dx = (z du + u dz) A + [(1 - z) dv - v dz)] B.$$

Mais dx doit être de même direction que

$$ML = u A - v B;$$

donc

$$\frac{z\,du + u\,dz}{u} = \frac{(z-1)\,dv + v\,dz}{v}, \quad z\,\frac{du}{u} = (z-1)\,\frac{dv}{v}.$$

Or, le triangle OLM étant d'aire constante,

$$uv = k^2, \quad u\,dv + v\,du = 0, \quad \frac{du}{u} = -\frac{dv}{v};$$

par conséquent $z = 1 - z$, $z = \dfrac{1}{2}$, et l'équation de l'enveloppe est

$$X = \frac{1}{2}\,u\,A + \frac{1}{2}\,\frac{k^2}{u}\,B,$$

de sorte que cette enveloppe est une hyperbole ayant pour asymptotes les deux droites données.

———

EXERCICES PROPOSÉS SUR LE CHAPITRE VII.

1. Si P est un point de l'hyperbole, OP$'$ le demi-diamètre conjugué de OP, la tangente en P$'$ à l'hyperbole conjuguée est parallèle à OP (à démontrer en rapportant la courbe à ses asymptotes).

2. La portion de la tangente à une hyperbole interceptée par les asymptotes a pour milieu le point de contact (à démontrer en rapportant la courbe à ses asymptotes).

3. Une droite mobile LM s'appuie sur deux droites fixes, de manière à former un triangle OLM d'aire constante. On demande le lieu du point X qui divise le segment LM dans un rapport donné.

4. Soit PL une tangente en P à une hyperbole et qui rencontre une des asymptotes en L; on mène LQ jusqu'à la courbe parallèlement à l'autre asymptote, puis on joint PQ, qu'on prolonge jusqu'aux deux asymptotes en R, R'. Démontrer que RR' est partagée par les points P, Q en trois parties égales.

5. D'un point R pris sur une asymptote, on mène deux parallèles RP, RQ à deux diamètres conjugués jusqu'à la rencontre de la courbe et de sa conjuguée. Démontrer que P et Q sont les extrémités de deux diamètres conjugués.

6. Les segments interceptés sur une droite quelconque entre l'hyperbole et ses asymptotes sont égaux (à démontrer en rapportant la courbe à ses asymptotes).

7. Soient RQR' une sécante coupant une hyperbole en Q et les asymptotes en R, R', et PP' une tangente parallèle à cette sécante et limitée aux asymptotes. On propose de démontrer que $\overline{PP'}^2 = 4\,RQ \cdot QR'$ (à démontrer en rapportant la courbe à ses asymptotes).

CHAPITRE VIII.

LA PARABOLE.

Équation de la parabole.

105. Si l'on définit la parabole par la propriété du foyer et de la directrice, on aura évidemment son équa-

Fig. 26.

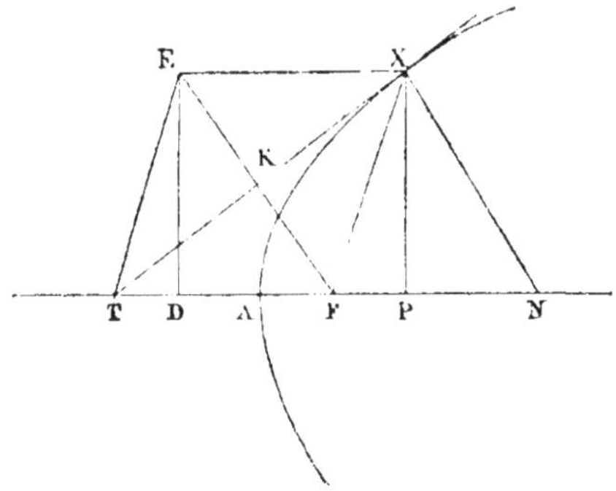

tion, comme au n° 88, en faisant $e = 1$ dans l'équation (1) de ce numéro, ce qui donnera

$$(1) \qquad B^2 X^2 = \left(B^2 - S\,BX \right)^2;$$

B représente le vecteur FD (*fig.* 26).

Posons

$$(2) \qquad \Phi X = \frac{X - B^{-1}\,S\,BX}{B^2}.$$

Les propriétés du n° 89 s'appliqueront intégralement à

cette nouvelle fonction Φ, et l'équation de la parabole pourra se mettre sous la forme

$$(3) \qquad S\mathbf{x}\left(\Phi\mathbf{x} + 2\,\mathbf{B}^{-1}\right) = 1.$$

Si l'on coupe la courbe par la direction FD, on obtient $x = \dfrac{1}{2}$ en posant $\mathrm{FA} = x_\mathbf{B}$, et ce sommet A est unique.

La définition (2) de la fonction Φ nous montre que

$$(4) \qquad S_\mathbf{B}\Phi\mathbf{x} = 0;$$

donc $\Phi\mathbf{x}$ représente un vecteur perpendiculaire à l'axe. De plus, on a

$$(5) \qquad \mathbf{x} - \mathbf{B}^2\Phi\mathbf{x} = \mathbf{B}^{-1}S_{\mathbf{B}\mathbf{x}} \| \mathbf{B};$$

par conséquent, $-\,\mathbf{B}^2\Phi\mathbf{x}$ n'est autre que l'ordonnée XP; et $\mathrm{FP} = \mathbf{B}^{-1}S_{\mathbf{B}\mathbf{x}} = \mathbf{B}\,S_{\mathbf{B}^{-1}\mathbf{x}}$.

On a aussi la relation facile à vérifier

$$S_\mathbf{x}\Phi\mathbf{x} = \mathbf{B}^2\left(\Phi\mathbf{x}\right)^2.$$

Tangente et normale.

106. Différentions l'équation (3); nous avons

$$S\,d\mathbf{x}\left(\Phi\mathbf{x} + 2\,\mathbf{B}^{-1}\right) + S\mathbf{x}\Phi\,d\mathbf{x} = 0$$

ou

$$(6) \qquad S\,d\mathbf{x}\left(\Phi\mathbf{x} + \mathbf{B}^{-1}\right) = 0.$$

Remplaçant $d\mathbf{x}$ par $\mathbf{y} - \mathbf{x}$, nous avons l'équation de la tangente en X, qui se réduit à

$$(7) \qquad S\mathbf{y}\left(\Phi\mathbf{x} + \mathbf{B}^{-1}\right) + S\mathbf{B}^{-1}\mathbf{x} = 1.$$

La relation (6) nous montre que le vecteur normal a pour direction

$$\Phi\mathbf{x} + \mathbf{B}^{-1};$$

l'équation vectorielle de la normale est donc

$$(8) \qquad z = x + z\left(\Phi x + B^{-1}\right).$$

Si nous cherchons l'intersection T de la tangente avec l'axe, nous remplacerons, dans l'équation (7), Y par yB, ce qui donnera, en vertu de (4),

$$y = 1 - S B^{-1} x, \qquad FT = B - B S B^{-1} x = FD - FP = PD.$$

De là encore, FP $=$ TD et AT $=$ PA, puisque FA $=$ AD. Quant à la longueur de FΓ, nous l'aurons en écrivant

$$FT^2 = \left(B - B S B^{-1} x\right)^2 = \frac{\left(B^2 - S Bx\right)^2}{B^2} = X^2,$$

d'après l'équation (1). Ainsi, FT $=$ FX. De là résulte que la tangente est bissectrice de l'angle EXF et que la figure FXET est un losange, si bien que FE est parallèle à la normale; FEXN est donc un parallélogramme.

La normale est parallèle à $\Phi x + B^{-1}$, et par conséquent à $B^2 \Phi x + B$ ou à $- B^2 \Phi x - B$. Mais XP $= - B^2 \Phi x$; donc PN $= - B = DF$, ce qui démontre la constance de la sous-normale.

L'équation (7), lorsque le point X n'est pas sur la courbe, représente la polaire de ce point.

Diamètres.

107. Pour avoir le lieu des milieux des cordes parallèles à une direction donnée D, nous remplacerons, dans l'équation (3), X par $Y + y$D, puis par $Y - y$D. Développant et retranchant, il reste

$$(9) \qquad S Y \Phi D + S B^{-1} D = 0,$$

équation d'une droite perpendiculaire à ΦD, et par conséquent parallèle à l'axe.

La direction D est perpendiculaire à $\Phi Y + B^{-1}$, c'est-à-dire au vecteur normal au point où le diamètre coupe la courbe, de sorte que la tangente en ce point est parallèle aux cordes divisées.

Forme vectorielle des équations.

108. Si nous posons

$$X = x_1 \iota_1 + x_2 \iota_2 \quad \text{et} \quad B = -2p\iota_1,$$

la fonction ΦX (105) devient $-\dfrac{x_2 \iota_2}{4p^2}$, et l'équation (3) de la parabole revient conséquemment à

$$-\frac{x_1}{p} + \frac{x_2^2}{4p^2} = 1.$$

Déplaçant l'axe des x_2 de manière à placer l'origine au sommet A de la courbe, on obtient la forme connue

$$x_2^2 = 4p x_1.$$

Par conséquent, l'équation vectorielle de la courbe peut s'écrire

$$(10) \qquad X = \frac{x_2^2}{4p} \iota_1 + x_2 \iota_2 = \frac{t^2}{4p} \iota_1 + t \iota_2.$$

On verrait aisément qu'une forme analogue

$$X = \frac{t^2}{4p'} A + t B$$

représente la courbe rapportée à un diamètre et à la tangente à l'extrémité; seulement, les vecteurs A et B ne sont plus rectangulaires.

Ces formes peuvent encore se simplifier en ne supposant plus que A et B soient des vecteurs unitaires. On peut alors écrire

$$(11) \qquad x = \frac{t^2}{2} A + t B.$$

La direction de la tangente sera donnée par la dérivée $tA + B$, et l'équation de la tangente est, par conséquent,

$$(12) \qquad y = \frac{t^2}{2} A + t B + x(t A + B).$$

La similitude de ces formes avec celles de la Géométrie analytique ordinaire est si évidente, qu'il est inutile d'insister plus longuement. Les exercices qui vont suivre montreront suffisamment comment on peut appliquer l'algorithme des quaternions à des problèmes de diverse nature, quelquefois même en suivant au fond les raisonnements et les procédés de la Géométrie ordinaire.

EXERCICES.

60. *Par un point quelconque* C *du plan d'une parabole on mène deux cordes* PP′, QQ′, *parallèles à deux directions fixes. Démontrer que le rapport* $\dfrac{CP \cdot CP'}{CQ \cdot CQ'}$ *conserve une valeur constante, quel que soit le point* C.

Soient D, E des vecteurs unitaires suivant PP′, QQ′; nous avons $p = c + x D$ et, remplaçant x par p dans l'équation (3) du n° **105**,

$$S(c + x D)\left[\Phi(c + x D) + 2 B^{-1}\right] = 1,$$

ou, en développant,

$$x^2 S D \Phi D + 2\left(S c \Phi D + S D B^{-1}\right)x + S c \Phi c + 2 S c B^{-1} - 1 = 0.$$

Donc

$$x x' = \frac{\mathfrak{S}_{C\Phi C} + 2\mathfrak{S}_{CB^{-1}} - 1}{\mathfrak{S}_{D\Phi D}} = \frac{k}{\mathfrak{S}_{D\Phi D}};$$

de même

$$y y' = \frac{k}{\mathfrak{S}_{E\Phi E}};$$

par conséquent,

$$\frac{x x'}{y y'} = \frac{OP . OP'}{OQ . OQ'} = \frac{\mathfrak{S}_{E\Phi E}}{\mathfrak{S}_{D\Phi D}},$$

rapport indépendant du point C.

Si D OD $(\mathit{fig.}\ 27)$, on a

$$DK = - B^2 \Phi_D \quad \text{et} \quad \Phi_D = \frac{KD}{B^2},$$

$$\mathfrak{S}_{D\Phi D} = \frac{1}{B^2} \mathfrak{S}(OD . KD) = - \frac{1}{B^2} \sin^2 \delta.$$

De même

$$\mathfrak{S}_{E\Phi E} = - \frac{1}{B^2} \sin^2 \varepsilon,$$

si ε représente l'inclinaison de E sur l'axe de la parabole, et, par

Fig. 27.

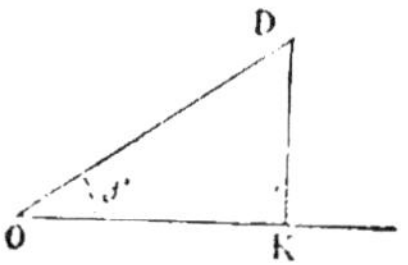

conséquent, le rapport ci-dessus a pour valeur $\dfrac{\sin^2 \varepsilon}{\sin^2 \delta}$.

61. *Trouver le lieu des points qui divisent un système de cordes parallèles d'une parabole de telle sorte que le produit des deux segments soit constant.*

Le calcul de l'exercice précédent nous montre immédiatement

que l'équation du lieu cherché sera

$$\mathfrak{S}c\Phi c + 2\mathfrak{S}cB^{-1} - 1 = l\mathfrak{S}_D\Phi_D,$$

c étant le vecteur courant.

C'est évidemment aussi une parabole.

62. *Du sommet* A *d'une parabole* (*fig.* 26) *on abaisse une perpendiculaire sur la tangente en* X, *et on la prolonge jusqu'à sa rencontre en* R *avec la parallèle* XE *à l'axe. Trouver le lieu du point* R.

On a

$$AR = x(\Phi X + B^{-1}), \qquad XR = yB.$$

Donc, A étant égal à $\dfrac{B}{2}$,

$$R = \frac{B}{2} + x(\Phi X + B^{-1}) = X + yB.$$

Opérant par $\Phi X \times$, puis prenant les parties réelles, il reste, si l'on remarque que B est perpendiculaire à ΦX,

$$x(\Phi X)^2 = \mathfrak{S}X\Phi X = B^2(\Phi X)^2,$$

comme on l'a vu plus haut (**105**). Donc $x = B^2$, et

$$R = \frac{B}{2} + B^2(\Phi X + B^{-1}) = \frac{3}{2}B + B^2\Phi X$$

sera l'équation vectorielle du lieu, qui est évidemment une droite parallèle à la directrice.

63. *Déterminer la podaire de la parabole par rapport au sommet pris pour pôle.*

Y représentant le point du lieu situé sur la tangente en X, nous avons, en exprimant : 1° que AY est parallèle à la normale ; 2° que Y est sur la tangente ; 3° que X est sur la parabole ;

les trois équations

$$(1) \qquad \mathrm{Y} - \frac{\mathrm{B}}{2} = x\left(\Phi\mathrm{X} + \mathrm{B}^{-1}\right),$$

$$(2) \qquad \mathfrak{S}\,\mathrm{Y}\left(\Phi\mathrm{X} + \mathrm{B}^{-1}\right) + \mathfrak{S}\,\mathrm{B}^{-1}\mathrm{X} = 1,$$

$$(3) \qquad \mathfrak{S}\,\mathrm{X}\left(\Phi\mathrm{X} + 2\,\mathrm{B}^{-1}\right) = 1.$$

Opérons successivement sur (1) par $\mathfrak{S}\,.\,\Phi\mathrm{X}\times$, puis par $\mathfrak{S}\,.\,\mathrm{B}\times$:

$$\mathfrak{S}\,\mathrm{Y}\,\Phi\mathrm{X} = x(\Phi\mathrm{X})^2, \qquad \mathfrak{S}\,\mathrm{B}\left(\mathrm{Y} - \frac{\mathrm{B}}{2}\right) = x.$$

Substituant la valeur de $\mathfrak{S}\,\mathrm{Y}\,\Phi\mathrm{X}$ dans (2) et remplaçant $\mathfrak{S}\,\mathrm{X}\,\Phi\mathrm{X}$ par $\mathrm{B}^2(\Phi\mathrm{X})^2$ dans (3), ces équations deviennent

$$x(\Phi\mathrm{X})^2 + \mathfrak{S}\,\mathrm{B}^{-1}\mathrm{Y} + \mathfrak{S}\,\mathrm{B}^{-1}\mathrm{X} = 1,$$

$$\mathrm{B}^2(\Phi\mathrm{X})^2 + 2\,\mathfrak{S}\,\mathrm{B}^{-1}\mathrm{X} = 1\,;$$

de là

$$(2x - \mathrm{B}^2)(\Phi\mathrm{X})^2 + 2\,\mathfrak{S}\,\mathrm{B}^{-1}\mathrm{Y} = 1$$

ou

$$\left[2\,\mathfrak{S}\,\mathrm{B}\left(\mathrm{Y} - \frac{\mathrm{B}}{2}\right) - \mathrm{B}^2\right](\Phi\mathrm{X})^2 + 2\,\mathfrak{S}\,\mathrm{B}^{-1}\left(\mathrm{Y} - \frac{\mathrm{B}}{2}\right) = 0.$$

Actuellement, posons $\mathrm{Y} - \dfrac{\mathrm{B}}{2} = \mathrm{z}$; l'équation (1) nous donne $\Phi\mathrm{X} = \dfrac{\mathrm{z}}{x} - \mathrm{B}^{-1}$, d'où, remettant pour x sa valeur $\mathfrak{S}\,\mathrm{B}\mathrm{z}$,

$$(2\,\mathfrak{S}\,\mathrm{B}\mathrm{z} - \mathrm{B}^2)\left[\mathrm{z}^2 + (\mathfrak{S}\,\mathrm{B}\mathrm{z})^2\,\mathrm{B}^{-2} - 2\,\mathfrak{S}\,\mathrm{B}\mathrm{z}\,\mathfrak{S}\,\mathrm{B}^{-1}\mathrm{z}\right]$$
$$+ 2(\mathfrak{S}\,\mathrm{B}\mathrm{z})^2\,\mathfrak{S}\,\mathrm{B}^{-1}\mathrm{z} = 0,$$

équation qui se réduit à

$$2\mathrm{z}^2\,\mathfrak{S}\,\mathrm{B}\mathrm{z} - \mathrm{B}^2\mathrm{z}^2 + (\mathfrak{S}\,\mathrm{B}\mathrm{z})^2 = 0.$$

C'est l'équation de la podaire cherchée, rapportée au sommet A comme origine. Il est assez facile de reconnaître que ce lieu est une cissoïde, qu'on peut construire au moyen du cercle de diamètre AD.

Autrement, au moyen des équations vectorielles, nous avons, en appelant Z le point de la podaire et X le point de contact,

$$z = z_1 A + z_2 B, \qquad x = \frac{t^2}{2} A + t B.$$

Exprimant qu'on a $z - x \,||\, t A + B$, puis $Sz(z - x) = 0$, on a

$$\frac{z_1 - \dfrac{t^2}{2}}{t} = z_2 - t, \qquad z_1\left(z_1 - \frac{t^2}{2}\right) + z_2(z_2 - t) = 0,$$

et il suffit d'éliminer t entre ces deux équations pour obtenir l'équation de la podaire en coordonnées ordinaires.

64. *Soient* AP, AQ *deux cordes rectangulaires d'une parabole, issues du sommet;* PM, QN *les ordonnées de* P *et* Q, *abaissées perpendiculairement sur l'axe. Démontrer que le paramètre* $4p$ *de la courbe est moyen proportionnel entre* AM *et* AN, *et aussi entre* PM *et* QN.

Soient x_1, x_2 les coordonnées de P, y_1, y_2 celles de Q; on a

$$x_1 = \frac{x_2^2}{4p}, \qquad y_1 = \frac{y_2^2}{4p}$$

et

$$P = \frac{x_2^2}{4p} I_1 + x_2 I_2, \qquad Q = \frac{y_2^2}{4p} I_1 - y_2 I_2,$$

en comptant les coordonnées comme positives; alors $S_{PQ} = 0$ nous donne

$$\frac{x_2 y_2}{16 p^2} - 1 = 0, \qquad x_2 y_2 = 16 p^2,$$

et aussi

$$x_1 y_1 = \frac{x_2^2 y_2^2}{16 p^2} = 16 p^2.$$

65. *Dans la construction de l'exercice précédent, on com-*

plète le rectangle construit sur **AP**, **AQ**. *On demande de déter-miner le lieu du sommet* **R** *opposé à* **A**.

On a

$$\mathbf{R} = \mathbf{P} + \mathbf{Q} = \frac{x_2^2 + y_2^2}{4p}\, \mathbf{I}_1 + (x_2 - y_2)\, \mathbf{I}_2$$

$$= \frac{(x_2 - y_2)^2}{4p}\, \mathbf{I}_1 + (x_2 - y_2)\, \mathbf{I}_2 + \frac{x_2 y_2}{2p}\, \mathbf{I}_1;$$

ou, puisque $x_2 y_2 = 16 p^2$,

$$\mathbf{R} = \frac{(x_2 - y_2)^2}{4p}\, \mathbf{I}_1 + \frac{(x_2 - y_2)}{4p}\, \mathbf{I}_2 + 8p\, \mathbf{I}_1.$$

Le lieu est donc une parabole égale à la parabole donnée.

66. *Démontrer que le cercle décrit sur une corde focale comme diamètre touche la directrice et qu'un cercle décrit sur toute autre corde ne rencontre pas la directrice.*

Si deux points

$$\mathbf{P} = \frac{x_2^2}{4p}\, \mathbf{I}_1 + x_2\, \mathbf{I}_2, \quad \mathbf{Q} = \frac{y_2^2}{4p}\, \mathbf{I}_1 + y_2\, \mathbf{I}_2$$

sont situés sur la parabole, on a

$$- \frac{y_2}{x_2 - y_2}\, \mathbf{P} + \frac{x_2}{x_2 - y_2}\, \mathbf{Q} = - \frac{x_2 y_2}{4p}\, \mathbf{I}_1;$$

donc $- \dfrac{x_2 y_2}{4p}$ représente l'abscisse du point où la corde coupe l'axe; si c'est une corde focale, nous aurons $x_2 y_2 + 4p^2 = 0$.

Cela posé, l'équation de la circonférence de diamètre **PQ** est

$$S(x - P)(x - Q) = 0;$$

celle de la directrice,

$$x = -p\, \mathbf{I}_1 + z\, \mathbf{I}_2.$$

Donc,

$$P - X = \left(\frac{x_2^2}{4p} + p\right) I_1 + (x_2 - z) I_2,$$

$$Q - X = \left(\frac{y_2^2}{4p} + p\right) I_1 + (y_2 - z) I_2,$$

et il faut

$$\left(\frac{x_2^2}{4p} + p\right)\left(\frac{y_2^2}{4p} + p\right) + (x_2 - z)(y_2 - z) = 0$$

ou

$$z^2 - (x_2 + y_2)z + x_2 y_2 + \frac{x_2^2 y_2^2}{16 p^2} + \frac{x^2 + y^2}{4} + p^2 = 0,$$

$$z^2 - (x_2 + y_2)z + \frac{(x_2 + y_2)^2}{4} + \left(\frac{x_2 y_2}{4p} + p\right)^2 = 0,$$

équation manifestement impossible, sauf dans le cas où $x_2 y_2 + 4p^2 = 0$, et alors, les deux racines étant égales, la circonférence touche la directrice.

67. *Deux paraboles ont même axe et même foyer; leurs sommets sont de part et d'autre du foyer; une corde focale les coupe en* PQ, P′ Q′, *de telle sorte que les points se succèdent dans l'ordre* P, P′, F, Q, Q′. *Démontrer :* 1° *que* FP . FP′ = FQ . FQ′ ; 2° *que* $\dfrac{FP}{FQ'}$ *est constant;* 3° *que les tangentes en* P, P′, Q, Q′ *forment un rectangle.*

L'équation vectorielle d'une parabole, rapportée au foyer comme origine, est (108)

$$X = \left(\frac{x_3^2}{4p} - p\right) I_1 + x_2 I_2.$$

Coupons-la par la corde focale de direction

$$K = I_1 \cos\theta + I_2 \sin\theta ;$$

nous aurons

$$z \cos \theta = \frac{x_2^2}{4p} - p, \quad z \sin \theta = x_2,$$

d'où

$$z^2 \sin^2 \theta - 4pz \cos \theta - 4p^2 = 0.$$

Les deux racines $\dfrac{2p}{1 - \cos \theta}$, $\dfrac{-2p}{1 + \cos \theta}$, prises en valeur absolue, seront les modules de FP, FQ, et l'on aura FP', FQ' en changeant p en $-p'$.

Les valeurs de z répondant à FP, FQ, FP', FQ' sont

$$\frac{2p}{1 - \cos \theta}, \quad \frac{-2p}{1 + \cos \theta}, \quad \frac{2p'}{1 + \cos \theta}, \quad \frac{-2p'}{1 - \cos \theta}.$$

Par conséquent :

$$1^{\circ} \quad FP \cdot FP' = FQ \cdot FQ' = \frac{4pp'}{\sin^2 \theta},$$

$$2^{\circ} \quad \frac{FP}{FQ'} = \frac{FQ}{FQ'} = -\frac{p}{p'}.$$

La direction de la tangente est donnée par

$$\frac{x_2}{2p} \, \imath_1 + \imath_2 \quad \text{ou} \quad \frac{z \sin \theta}{2p} \, \imath_1 + \imath_2.$$

D'après cela, les directions des tangentes en P, Q, P', Q' seront respectivement

$$\frac{\sin \theta}{1 - \cos \theta} \, \imath_1 + \imath_2, \quad \frac{-\sin \theta}{1 + \cos \theta} \, \imath_1 + \imath_2,$$

$$\frac{-\sin \theta}{1 + \cos \theta} \, \imath_1 + \imath_2, \quad \frac{\sin \theta}{1 - \cos \theta} \, \imath_1 + \imath_2,$$

ce qui démontre la troisième partie de la proposition.

68. *Si un triangle est inscrit dans une parabole, les points* *de rencontre des côtés avec les tangentes aux sommets opposés sont en ligne droite.*

Soient P, Q, R les trois sommets, R′ le point de rencontre de PQ avec la tangente en R; nous avons (**108**)

$$\text{P} = \frac{p^2}{2}\,\text{A} + p\,\text{B}, \quad \text{Q} = \frac{q^2}{2}\,\text{A} + q\,\text{B}, \quad \text{R} = \frac{r^2}{2}\,\text{A} + r\,\text{B},$$

$$\text{R}' = z\,\text{P} + (1 - z)\,\text{Q} = \text{R} + u\,(r\,\text{A} + \text{B}).$$

Cette équation développée nous donne, en égalant les coefficients,

$$z(p^2 - q^2) + q^2 = r^2 + 2\,ur, \quad z(p - q) + q = r + u,$$

d'où

$$u = \frac{r(p + q) - r^2 - pq}{2\,r - p - q},$$

ce qui donne, pour la valeur de R′,

$$\text{R}' = \frac{r^2\dfrac{p + q}{2} - pqr}{2\,r - p - q}\,\text{A} + \frac{r^2 - pq}{2\,r - p - q}\,\text{B};$$

de même, par symétrie,

$$\text{P}' = \frac{p^2\dfrac{q + r}{2} - qrp}{2\,p - q - r}\,\text{A} + \frac{p^2 - qr}{2\,p - q - r}\,\text{B},$$

$$\text{Q}' = \frac{q^2\dfrac{r + p}{2} - rpq}{2\,q - r - p}\,\text{A} + \frac{q^2 - rp}{2\,q - r - p}\,\text{B}.$$

Si maintenant nous posons

$$\gamma = (p - q)(2\,r - p - q),$$
$$\alpha = (q - r)(2\,p - q - r),$$
$$\beta = (r - p)(2\,q - r - p),$$

L. — *Quaternions.*   11 il est aisé de voir que nous aurons à la fois

$$\alpha + \beta + \gamma = 0,$$
$$\alpha \text{P}' + \beta \text{Q}' + \gamma \text{R}' = 0.$$

Donc les points P′, Q′, R′ sont en ligne droite.

EXERCICES PROPOSÉS SUR LE CHAPITRE VIII.

1. Dans toute parabole, la distance du foyer à une tangente est moyenne proportionnelle entre ses distances au point de contact et au sommet de la courbe.

2. Si la tangente en **X** à une parabole de foyer **F** rencontre la directrice au point **D**, les droites **FD**, **FX** sont rectangulaires entre elles.

3. Une circonférence a pour centre le sommet **A** d'une parabole et pour diamètre 3 **AF**, **F** étant le foyer. Démontrer que la corde commune partage **AF** en deux parties égales.

4. Une tangente quelconque à la parabole rencontre la directrice et l'ordonnée du foyer en deux points également distants du foyer.

5. **F** est le foyer d'une parabole, **X** un point quelconque de la courbe. Démontrer que le cercle décrit sur **FX** comme diamètre est tangent à la tangente au sommet.

6. Trouver le lieu géométrique des foyers des paraboles passant par deux points donnés et dont les axes sont parallèles à une direction donnée.

7. Deux paraboles ont même directrice. Démontrer que leur corde commune coupe à angle droit et par le milieu la ligne joignant leurs foyers.

8. La portion de toute tangente à la parabole comprise entre deux tangentes qui se rencontrent sur la directrice est vue du foyer sous un angle droit.

9. Si du point de contact d'une tangente à la parabole on mène une corde quelconque, et si l'on trace une parallèle à l'axe rencontrant la tangente, la courbe et la corde, ces trois points détermineront une division proportionnelle à celle déterminée sur la corde par cette même parallèle à l'axe.

10. Déterminer le lieu des points milieux des cordes focales d'une parabole.

11. Soit PFQ une corde focale d'une parabole de sommet A ; les droites PA, QA rencontrent la directrice en P'Q'. Démontrer que PQ', QP' sont parallèles à l'axe.

CHAPITRE IX.

FORMULES.

Produits de deux facteurs.

109. Nous avons précédemment établi (37), en ce qui concerne les produits de deux vecteurs, les quatre formules très importantes que voici :

$$(1) \qquad S_{AB} = S_{BA}.$$

$$(2) \qquad V_{AB} = - V_{BA},$$

$$(3) \qquad AB + BA = 2 S_{AB},$$

$$(4) \qquad AB - BA = 2 V_{AB}.$$

Si, au lieu de deux vecteurs, nous considérons deux quaternions A, B, décomposés respectivement en leurs parties algébriques et vectorielles, $A_0 + A_i$ et $B_0 + B_i$, nous aurons, en appliquant les formules (1) et (2) ci-dessus :

$$AB = A_0 B_0 + A_0 B_i + B_0 A_i + S A_i B_i + V A_i B_i,$$

$$BA = A_0 B_0 + A_0 B_i + B_0 A_i + S A_i B_i - V A_i B_i.$$

De là on déduit immédiatement

$$(5) \qquad S AB = S BA,$$

$$(6) \qquad V AB + V BA = 2 \left(A_0 B_i + B_0 A_i \right),$$

$$(7) \qquad V AB - V BA = 2 V A_i B_i.$$

Produits de trois vecteurs.

110. Remarquons tout d'abord que, si A représente un vecteur et B un quaternion quelconque, l'expression $\mathrm{S}.\mathrm{A}\,\mathrm{S}\,B$ est identiquement nulle, puisqu'elle indique la partie algébrique d'une quantité vectorielle. Cette observation, faite une fois pour toutes, simplifiera beaucoup les développements ultérieurs. Il faudra seulement se rappeler qu'on pourra ajouter ou retrancher à volonté des expressions de la forme considérée, sans apporter aux quantités aucune altération.

Cela étant, nous voyons tout d'abord qu'on a

$$\mathrm{S}_{\mathrm{ABC}} = \mathrm{S}\left(\mathrm{S}_{\mathrm{AB}} + \mathrm{V}_{\mathrm{AB}}\right)\mathrm{C} = \mathrm{S}\left(\mathrm{V}_{\mathrm{AB}}.\mathrm{C}\right)$$
$$= \mathrm{S}_{\mathrm{C}}\mathrm{V}_{\mathrm{AB}} = \mathrm{S}_{\mathrm{C}}\left(\mathrm{S}_{\mathrm{AB}} + \mathrm{V}_{\mathrm{AB}}\right) = \mathrm{S}_{\mathrm{CAB}},$$

$$\mathrm{S}_{\mathrm{ABC}} = \mathrm{S}_{\mathrm{A}}\left(\mathrm{S}_{\mathrm{BC}} + \mathrm{V}_{\mathrm{BC}}\right) = \mathrm{S}_{\mathrm{A}}\mathrm{V}_{\mathrm{BC}}$$
$$= \mathrm{S}\left(\mathrm{V}_{\mathrm{BC}}.\mathrm{A}\right) = \mathrm{S}\left(\mathrm{S}_{\mathrm{BC}} + \mathrm{V}_{\mathrm{BC}}\right)\mathrm{A} = \mathrm{S}_{\mathrm{BCA}}.$$

Ainsi

$$(8) \qquad \mathrm{S}_{\mathrm{ABC}} = \mathrm{S}_{\mathrm{BCA}} = \mathrm{S}_{\mathrm{CAB}},$$

résultat auquel on aurait pu parvenir, plus rapidement peut-être, au moyen de la formule (5), en écrivant

$$\mathrm{S}.\mathrm{ABC} = \mathrm{S}\left(\mathrm{A}.\mathrm{BC}\right) = \mathrm{S}\left(\mathrm{BC}.\mathrm{A}\right) = \mathrm{S}_{\mathrm{BCA}} = \mathrm{S}\left(\mathrm{B}.\mathrm{CA}\right) = \mathrm{S}_{\mathrm{CAB}}.$$

On a aussi

$$\mathrm{S}_{\mathrm{ABC}} = \mathrm{S}_{\mathrm{A}}\mathrm{V}_{\mathrm{BC}} = -\,\mathrm{S}_{\mathrm{A}}\mathrm{V}_{\mathrm{CB}} = -\,\mathrm{S}_{\mathrm{ACB}},$$

et, de plus,

$$(9) \qquad \mathrm{S}_{\mathrm{ABC}} = -\,\mathrm{S}_{\mathrm{ACB}} = -\,\mathrm{S}_{\mathrm{CBA}} = -\,\mathrm{S}_{\mathrm{BAC}},$$

Ainsi, la partie réelle d'un produit de trois vecteurs n'est pas altérée par une permutation tournante des facteurs, mais elle change de signe lorsqu'on modifie l'ordre autrement que par une permutation tournante.

Nous avons déjà vu (49) que S_{ABC} représente le volume du parallélépipède construit sur OA, OB, OC. Si

$$(x_1, x_2, x_3), \quad (y_1, y_2, y_3), \quad (z_1, z_2, z_3)$$

sont respectivement les coordonnées de A, B, C, rapportés à un système d'axes rectangulaires, et si nous développons le produit des trois vecteurs

$$A = x_1 I_1 + x_2 I_2 + x_3 I_3, \quad B = y_1 I_1 + y_2 I_2 + y_3 I_3,$$
$$C = z_1 I_1 + z_2 I_2 + z_3 I_3,$$

on voit immédiatement qu'on aura, en vertu des conventions fondamentales sur les unités I_1, I_2, I_3,

$$(10) \qquad S_{ABC} = \begin{vmatrix} x_1 & x_2 & x_3 \\ y_1 & y_2 & y_3 \\ z_1 & z_2 & z_3 \end{vmatrix}.$$

Soit sous cette forme de déterminant, soit au moyen des formules précédentes, on voit se confirmer les règles sur les signes des volumes, indiquées au n° 49.

111. Nous avons

$$V_{ABC} = V(A \, S_{BC} + A \, V_{BC}) = A \, S_{BC} + V \cdot A \, V_{BC}.$$

Or

$$ABC = A \, S_{BC} + A \, V_{BC},$$
$$CBA = (S_{CB}) A + (V_{CB}) A = A \, S_{BC} - V_{BC} \cdot A.$$

De là, par addition, et en tenant compte de la formule (4),

$$ABC + CBA = 2 A \, S_{BC} + 2 V(A \, V_{BC}),$$

c'est-à-dire

$$(11) \qquad ABC + CBA = 2\,V_{ABC}.$$

Si dans cette formule, tout à fait générale, on permute les lettres A et C, le premier membre ne change pas ; donc

$$(12) \qquad V_{ABC} = V_{CBA}.$$

On a aussi

$$V_{ABC} = c\,S_{AB} + V(V_{AB}.c) = c\,S_{AB} - V.c\,V_{AB},$$
$$V_{CAB} = c\,S_{AB} + V.c\,V_{AB},$$

et de là, par addition,

$$(13) \qquad V_{ABC} + V_{CAB} = 2\,c\,S_{AB}.$$

On peut écrire

$$V.A\,V_{BC} = \tfrac{1}{2}\,V_A(BC - CB) = \tfrac{1}{2}(V_{ABC} + V_{CAB} - V_{CAB} - V_{ACB}),$$

ou, en vertu de la formule (13) qui précède,

$$(14) \qquad V.A\,V_{BC} = c\,S_{AB} - b\,S_{AC}.$$

En permutant circulairement les lettres A, B, C, puis ajoutant, cette formule (14) nous donne

$$(15) \qquad V(A\,V_{BC} + B\,V_{CA} + C\,V_{AB}) = 0.$$

Si nous substituons dans la valeur de V_{ABC}, écrite au commencement du présent numéro, l'expression (14), nous aurons

$$(16) \qquad V_{ABC} = A\,S_{BC} - B\,S_{AC} + C\,S_{AB},$$

formule importante sur laquelle se vérifie immédiatement la relation (12). En faisant usage, au contraire, de la relation (12), on arriverait directement à la formule

(16) au moyen de l'identité évidente

$$ABC + CBA = A(BC + CB) - B(AC + CA) + C(AB + BA).$$

Enfin, si nous remplaçons A par $\mathcal{V}_{AB}$ dans la formule (14), nous obtenons

$$\mathcal{V}(\mathcal{V}_{AB}\mathcal{V}_{BC}) = C\mathcal{S}(\mathcal{V}_{AB}.B) - B\mathcal{S}(\mathcal{V}_{AB}.C) = C\mathcal{S}_{ABB} - B\mathcal{S}_{ABC},$$

ou

$$(17)\qquad \mathcal{V}(\mathcal{V}_{AB}\mathcal{V}_{BC}) = -B\mathcal{S}_{ABC}.$$

112. On a

$$\mathcal{S}_{ABC} = \mathcal{S}_A\mathcal{V}_{BC}.$$

Donc, en vertu des formules (8),

$$\mathcal{S}(A\mathcal{V}_{BC} + B\mathcal{V}_{CA} + C\mathcal{V}_{AB}) = 3\mathcal{S}_{ABC},$$

et, par addition avec la formule (15),

$$(18)\qquad A\mathcal{V}_{BC} + B\mathcal{V}_{CA} + C\mathcal{V}_{AB} = 3\mathcal{S}_{ABC}.$$

Produits de quatre vecteurs. — Décomposition d'un vecteur suivant trois directions.

113. Dans la formule (14), remplaçons A par $\mathcal{V}_{AD}$. Il viendra

$$(19)\qquad \mathcal{V}(\mathcal{V}_{AD}\mathcal{V}_{BC}) = C\mathcal{S}_{ADB} - B\mathcal{S}_{ADC}.$$

De là, par un simple changement de lettres,

$$\mathcal{V}(\mathcal{V}_{BC}\mathcal{V}_{AD}) = D\mathcal{S}_{BCA} - A\mathcal{S}_{BCD},$$

et, en ajoutant avec (12),

$$D\mathcal{S}_{BCA} - A\mathcal{S}_{BCD} - B\mathcal{S}_{ADC} + C\mathcal{S}_{ADB} = 0,$$

relation à laquelle on peut donner l'une des deux formes

$$(20)\qquad \begin{cases} A\mathcal{S}_{BCD} - B\mathcal{S}_{ACD} + C\mathcal{S}_{ABD} - D\mathcal{S}_{ABC} = 0, \\ A\mathcal{S}_{BCD} - D\mathcal{S}_{ABC} + C\mathcal{S}_{DAB} - B\mathcal{S}_{CDA} = 0. \end{cases}$$

En remplaçant D par x, cette relation peut encore s'écrire

$$(21) \qquad x\, S_{ABC} = A\, S_{BCX} + B\, S_{CAX} + C\, S_{ABX}.$$

Sous cette forme, elle est d'une grande utilité, car elle fournit, comme on le voit, le moyen de décomposer un vecteur quelconque x suivant les directions des trois vecteurs A, B, C.

C'est en quelque sorte l'établissement d'un système de coordonnées arbitraires ; et en partant de là, il serait facile de trouver les formules habituelles de transformation d'un système à un autre.

Si cependant A, B, c étaient coplanaires, la relation (21) ne donnerait plus la décomposition indiquée, le premier membre se réduisant à zéro ; et en supposant que x, A, B, c soient coplanaires, chacun des termes de la relation (21) s'évanouirait séparément.

114. Les trois vecteurs V_{BC}, V_{CA}, V_{AB} ne sont pas coplanaires en général. Nous pourrons donc ordinairement décomposer suivant ces trois directions un vecteur quelconque. C'est ce que nous allons essayer de faire, et cela nous fournira en même temps de nouvelles relations sur les produits dans lesquels entrent quatre vecteurs en général.

Écrivons donc

$$x = \alpha\, V_{BC} + \beta\, V_{CA} + \gamma\, V_{AB}.$$

Si nous opérons par $S . A \times$, il viendra évidemment

$$S_{AX} = \alpha\, S_A V_{BC} = \alpha\, S_{ABC},$$

et nous aurons deux relations analogues en β, γ.

Substituant ces expressions de α, β, γ, dans la valeur de x,

$$(22) \qquad x\, S_{ABC} = V_{BC}\, S_{AX} + V_{CA}\, S_{BX} + V_{AB}\, S_{CX}.$$

Si nous remplaçons dans cette formule x par D, puis si nous effectuons des permutations circulaires successives entre les lettres A, B, C, D, nous aurons, par addition,

$$(23) \quad \begin{cases} A\, S_{BCD} + B\, S_{CDA} + C\, S_{DAB} + D\, S_{ABC} \\ \qquad = 2\,(V_{AB}\, S_{CD} + V_{BC}\, S_{DA} + V_{CD}\, S_{AB} + V_{DA}\, S_{BC}). \end{cases}$$

Donnons encore, sans plus de détails, les formules ci-dessous, qui résultent immédiatement des précédentes,

$$(24) \quad \begin{cases} S_{ABCD} = S\,(A\, S_{BC} - B\, S_{AC} + C\, S_{AB})\, D \\ \qquad = S_{AB}\, S_{CD} - S_{AC}\, S_{BD} + S_{AD}\, S_{BC}, \end{cases}$$

$$(25) \quad \begin{cases} S\,(V_{AB}\,.\,V_{CD}) = S\,(AB - S_{AB})\,(CD - S_{CD}) \\ \qquad = S_{ABCD} - S_{AB}\, S_{CD} \\ \qquad = S_{AD}\, S_{BC} - S_{AC}\, S_{BD}. \end{cases}$$

Produits de plusieurs vecteurs.

115. Reprenons la formule du n° 48,

$$\operatorname{cj}(AB\ldots GH) = (-1)^n\, HG\ldots BA.$$

On peut l'écrire

$$S_{AB\ldots GH} - V_{AB\ldots GH} = (-1)^n\, HG\ldots BA.$$

Si nous la combinons avec l'identité

$$S_{AB\ldots GH} + V_{AB\ldots GH} = AB\ldots GH,$$

il viendra, d'une manière générale,

$$(26) \quad \begin{cases} 2\, S_{AB\ldots GH} = AB\ldots GH + (-1)^n\, HG\ldots BA, \\ 2\, V_{AB\ldots GH} = AB\ldots GH - (-1)^n\, HG\ldots BA. \end{cases}$$

De là encore

$$(27) \qquad S_{AB\ldots GH} = (-1)^n S_{HG\ldots BA},$$

$$(28) \qquad V_{AB\ldots GH} = -(-1)^n V_{HG\ldots BA}.$$

Plusieurs des relations précédemment obtenues ne sont que des cas particuliers de celles-ci.

Rotations.

116. Si on fait tourner d'un angle quelconque 2α, autour d'un axe A, un vecteur R_1 parallèle à cet axe, il ne subira aucune modification. En le désignant par R'_1 après la rotation, on a donc

$$R'_1 = R_1,$$

et on peut écrire, par exemple,

$$R'_1 = A^{-\alpha} R_1 A^\alpha,$$

puisque R_1 est parallèle à A.

Si on impose la même rotation au vecteur R_2 perpendiculaire à A, ce vecteur deviendra évidemment

$$R'_2 = R_2 A^{2\alpha}.$$

Cette expression peut aussi s'écrire

$$R'_2 = A^{-\alpha} R_2 A^\alpha = (\cos\alpha - A\sin\alpha) R_2 A^\alpha = \cos\alpha \, R_2 A^\alpha - \sin\alpha \, A R_2 A^\alpha$$
$$= R_2(\cos\alpha + A\sin\alpha) A^\alpha = R_2 A^{2\alpha},$$

car $A R_2 = -R_2 A$, les deux vecteurs étant perpendiculaires (38).

On voit donc qu'un vecteur R quelconque, pouvant se décomposer en R_1 et R_2, sera représenté après la rotation par

$$(29) \qquad R' = A^{-\alpha} R A^\alpha = A^{-1} R A,$$

si nous désignons par A le verseur A^α, ou même un quaternion de même axe et de même argument.

Si nous soumettons à la même opération, non plus un vecteur R, mais une biradiale représentée par le quaternion R, il est visible que

$$R' = A^{-1} R A$$

représentera ce qu'est devenue la biradiale R après la rotation.

C'est dans ce sens, d'une manière générale, que nous pouvons considérer l'opération $A^{-1}(\quad)A$ comme représentant une rotation, quelle que soit l'expression géométrique qui figure dans les parenthèses.

117. Si à une rotation $A^{2\alpha}$ en succède une autre $B^{2\beta}$, puis une troisième et ainsi de suite, la résultante sera évidemment

$$\ldots C^{-1} B^{-1} A^{-1}(\quad) A B C \ldots = Q^{-1}(\quad) Q,$$

si nous posons $ABC \ldots = Q$.

On voit ainsi que la composition des rotations se traduit par une multiplication de biradiales et que l'ordre des rotations influe sur le résultat.

Pour des rotations infiniment petites, A^α peut s'écrire $1 + A\alpha$ en négligeant les infiniment petits d'ordres supérieurs. La rotation résultante de plusieurs rotations est donc, avec la même approximation,

$$(1 + A\alpha)(1 + B\beta) \ldots = 1 + A\alpha + B\beta + \ldots,$$

si bien que l'axe de cette résultante se trouve représenté en grandeur et direction par $A\alpha + B\beta + \ldots$.

Nous bornerons là ces notions très sommaires, qui présentent surtout un grand intérêt dans les applications mécaniques.

EXERCICES.

69. *Trouver la condition pour que les hauteurs d'un tétraèdre se rencontrent.*

Soit OABC le tétraèdre $(OA = a, OB = b, OC = c)$. Les hauteurs issues de A et de B peuvent s'exprimer, en direction, par Ubc, Uca. Si elles se rencontrent, les trois vecteurs $b - a$, Ubc, Uca seront coplanaires. Donc

$$S(b - a)\, Ubc\, Uca = 0,$$

c'est-à-dire

$$S(b - a)U(Ubc\ Uca) = 0;$$

or

$$U(Ubc.Uca) = -\,c\,Sbca\ [\text{formule } (17)],$$

et par conséquent la condition devient

$$Sbc = Sac, \quad (c - b)^2 - b^2 - c^2 = (c - a)^2 - a^2 - c^2,$$
$$(c - b)^2 + a^2 = (c - a)^2 + b^2,$$

ou enfin

$$\mathrm{gr}^2\, BC + \mathrm{gr}^2\, OA = \mathrm{gr}^2\, AC + \mathrm{gr}^2\, OB,$$

ce qui exprime que la somme des carrés de chaque couple d'arêtes opposées est la même. Cette condition est nécessaire et suffisante.

70. *Si deux tétraèdres* ABCD, A′B′C′D′ *sont tels que les droites* AA′, BB′, CC′, DD′ *concourent en un même point* O, *les intersections des plans des faces correspondantes sont situées dans un même plan.*

Posons

$$OA = a, \quad OB = b, \quad \ldots \quad \text{et} \quad OA' = \frac{1}{\alpha}\,a, \quad OB' = \frac{1}{\beta}\,b, \quad \ldots$$

Le plan ABC est (60) perpendiculaire au vecteur

$$\mathbf{L} = \mathbf{U}_{AB} + \mathbf{U}_{BC} + \mathbf{U}_{CA}.$$

De même $A'B'C'$ est perpendiculaire à

$$\mathbf{U}\,\overset{A}{\underset{\alpha}{-}}\,\overset{B}{\underset{\beta}{-}} + \mathbf{U}\,\overset{B}{\underset{\beta}{-}}\,\overset{C}{\underset{\gamma}{-}} + \mathbf{U}\,\overset{C}{\underset{\gamma}{-}}\,\overset{A}{\underset{\alpha}{-}}$$

ou à

$$\mathbf{M} = \gamma\,\mathbf{U}_{AB} + \alpha\,\mathbf{U}_{BC} + \beta\,\mathbf{U}_{CA}.$$

L'intersection des plans ABC, $A'B'C'$ est donc parallèle au vecteur $\mathbf{U}_{LM}$, c'est-à-dire [formule (17)], si on néglige un facteur réel, à

$$\mathbf{D}' = (\beta - \gamma)\,\mathbf{A} + (\gamma - \alpha)\,\mathbf{B} + (\alpha - \beta)\,\mathbf{C}.$$

On a de même, par permutations tournantes des lettres, trois vecteurs $\mathbf{A}'$, $\mathbf{B}'$, $\mathbf{C}'$, parallèles aux intersections des autres faces, et l'on vérifie sans peine que

$$\mathbf{S}_{A'B'C'} = \mathbf{S}_{B'C'D'} = \ldots = 0,$$

ce qui montre bien que les quatre vecteurs $\mathbf{A}'$, $\mathbf{B}'$, $\mathbf{C}'$, $\mathbf{D}'$ sont coplanaires, c'est-à-dire que les intersections sont elles-mêmes dans un seul plan.

71. *Soient* O, A, B, C, D, E *six points quelconques ;* $v_a, v_b, \ldots$ *les volumes des tétraèdres* BCDE, CDEA, … *en grandeurs et en signes ;* $OA', OB', OC', \ldots$ *les projections de* OA, OB, OC, … *sur une direction fixe quelconque* OX. *Démontrer qu'on a*

$$v_a\,OA' + v_b\,OB' + \ldots = 0.$$

Formons la quantité

$$\mathbf{A}\,\mathbf{S}\,(BC.BD.BE) = \mathbf{A}\,\mathbf{S}\,(C - B)(D - B)(E - B).$$

Elle se réduit à

$$\mathbf{A}\,\mathbf{S}\,(CDE - DEB + EBC - BCD).$$

Si nous formons les quatre quantités analogues et si nous ajoutons, nous voyons, en tenant compte de la formule (20), que la somme s'annule. Donc, à un facteur constant près,

$$v_i \mathrm{A} + v_b \mathrm{B} + \ldots = 0.$$

Si κ est un vecteur unitaire suivant OX, il nous suffit d'opérer par $S.\kappa \times$ pour que la relation précédente nous donne l'égalité en démonstration.

72. *On donne trois plans et l'orientation du quatrième ; déterminer l'équation de ce dernier plan de telle manière que les quatre plans se rencontrent en un même point.*

Soient

$$S_{\mathrm{AX}} = a, \quad S_{\mathrm{BX}} = b, \quad S_{\mathrm{CX}} = c$$

les équations des trois premiers plans, x le vecteur du point d'intersection commun ; D un vecteur de longueur quelconque, perpendiculaire au quatrième plan. Alors, l'équation de ce dernier plan est de la forme $S_{\mathrm{DX}} = d$. Mais, en vertu de la formule (22) et des équations des trois premiers plans, nous avons

$$\mathrm{x}\, S_{\mathrm{ABC}} = a\, V_{\mathrm{BC}} + b\, V_{\mathrm{CA}} + c\, V_{\mathrm{AB}}.$$

Opérant par $S.\mathrm{D} \times$, en tenant compte de la quatrième équation,

$$d\, S_{\mathrm{ABC}} = a\, S_{\mathrm{BCD}} + b\, S_{\mathrm{CAD}} + c\, S_{\mathrm{ABD}}.$$

Cette relation donne la valeur de d, et par conséquent l'équation cherchée.

73. *Si l'on représente les aires des faces d'un tétraèdre par des vecteurs perpendiculaires à ces faces et dirigés tous vers l'extérieur ou tous vers l'intérieur, la somme de tous ces vecteurs est nulle.*

Soient A, B, C, D les vecteurs des quatre sommets. Les vecteurs représentant les faces ABC, CBD, DBA, ACD seront, au facteur $\frac{1}{2}$ près, $\mathfrak{V}(A - B)(C - B)$, ... et, en développant ces expressions, on voit immédiatement que la somme est nulle.

Corollaire. — Il en est de même pour un polyèdre quelconque, ce polyèdre pouvant se décomposer en tétraèdres, et les faces contiguës donnant lieu à des vecteurs égaux et de signes contraires.

Nous avons déjà démontré plus haut cette propriété (p. 83); mais il nous a semblé qu'il pouvait être intéressant de la reproduire ici, à titre d'application des formules.

74. *Si d'un point fixe on mène jusqu'à un plan fixe trois vecteurs rectangulaires quelconques, la somme des inverses des carrés de leurs longueurs est constante.*

Soient O le point fixe, D le pied de la perpendiculaire OD sur le plan fixe, OA, OB, OC les trois vecteurs rectangulaires.
Posons

$$OD = D = xA + yB + zC;$$

alors (14)

$$x + y + z = 1.$$

Mais si $S_{DX} = d$ est l'équation du plan fixe, on a, en remplaçant x successivement par A, B, C et en tenant compte de ce que les trois vecteurs sont rectangulaires,

$$xA^2 = yB^2 = zC^2 = d.$$

Donc

$$d\left(\frac{1}{A^2} + \frac{1}{B^2} + \frac{1}{C^2}\right) = x + y + z = 1, \qquad \frac{1}{A^2} + \frac{1}{B^2} + \frac{1}{C^2} = \frac{1}{d}.$$

EXERCICES PROPOSÉS SUR LE CHAPITRE IX.

Démontrer les identités suivantes :

1. $S(A + B)(B + C)(C + A) = 2 S_{ABC}.$

2. $\mathfrak{S}.\mathfrak{V}_{AB}\mathfrak{V}_{BC}\mathfrak{V}_{CA} = -(\mathfrak{S}_{ABC})^2.$

3. $\mathfrak{S}.\mathfrak{V}(\mathfrak{V}_{AB}\mathfrak{V}_{BC})\mathfrak{V}(\mathfrak{V}_{BC}\mathfrak{V}_{CA})\mathfrak{V}(\mathfrak{V}_{CA}\mathfrak{V}_{AB}) = -(\mathfrak{S}_{ABC})^4.$

4. $\mathfrak{S}(\mathfrak{V}_{BC}\mathfrak{V}_{CA}) = C^2\mathfrak{S}_{AB} - \mathfrak{S}_{BC}\mathfrak{S}_{CA}.$

5. $A^2B^2C^2 = (\mathfrak{V}_{ABC})^2 - (\mathfrak{S}_{ABC})^2.$

6. $A^2B^2C^2 = A^2(\mathfrak{S}_{BC})^2 + B^2(\mathfrak{S}_{CA})^2 + C^2(\mathfrak{S}_{AB})^2 - (\mathfrak{S}_{ABC})^2$
$- 2\mathfrak{S}_{AB}\mathfrak{S}_{BC}\mathfrak{S}_{CA},$

7. $\mathfrak{S}_C\mathfrak{V}_{ABC} = C^2\mathfrak{S}_{AB}.$

8. $(ABC)^2 = A^2B^2C^2 + 2ABC\,\mathfrak{S}_{ABC}.$

9. $\mathfrak{S}(\mathfrak{V}_{ABC}\mathfrak{V}_{BCA}\mathfrak{V}_{CAB}) = 4\mathfrak{S}_{AB}\mathfrak{S}_{BC}\mathfrak{S}_{CA}\mathfrak{S}_{ABC}.$

10. $\mathfrak{S}_{AX}\mathfrak{S}_{BCD} - \mathfrak{S}_{BX}\mathfrak{S}_{CDA} + \mathfrak{S}_{CX}\mathfrak{S}_{DAB} - \mathfrak{S}_{DX}\mathfrak{S}_{ABC} = 0.$

11. $(ABC)^2 = 2A^2B^2C^2 + A^2(BC)^2$
$+ B^2(AC)^2 + C^2(AB)^2 - 4AC\,\mathfrak{S}_{AB}\mathfrak{S}_{BC}.$
(Hamilton.)

12. $D\mathfrak{V}_{ABC} + A\mathfrak{V}_{BCD} + B\mathfrak{V}_{CDA} + C\mathfrak{V}_{DAB} = 4\mathfrak{S}_{ABCD}.$

13. L'expression

$$\mathfrak{V}_{AB}\mathfrak{V}_{CD} + \mathfrak{V}_{AC}\mathfrak{V}_{DB} + \mathfrak{V}_{AD}\mathfrak{V}_{BC}$$

représente un vecteur. Interprétation géométrique.
(Tait.)

14. Le volume d'un tétraèdre ABCD peut se rapporter à un point fixe O quelconque en l'écrivant

$$OABC - OBCD + OCDA - ODAB.$$

15. Si les quatre points A, B, C, D sont coplanaires et si α, β, γ, δ sont les aires des triangles BCD, CDA, . . . , on a

$$A\alpha - B\beta + C\gamma - D\delta = 0.$$

16. Exprimer la relation entre les côtés d'un triangle sphérique et les angles opposés.

17. OABC est un tétraèdre, X un point de la face ABC; on mène XA_1, XB_1, XC_1 parallèles à OA, OB, OC jusqu'à la rencontre des faces opposées. Démontrer qu'on aura

$$\frac{XA_1}{OA} + \frac{XB_1}{OB} + \frac{XC_1}{OC} = 1.$$

18. ABCD est un tétraèdre, O un point fixe; on joint AO,... qui rencontrent les faces opposées en $A_1, \ldots$. Démontrer qu'on aura

$$\frac{OA_1}{AA_1} + \frac{OB_1}{BB_1} + \frac{OC_1}{CC_1} + \frac{OD_1}{DD_1} = 1.$$

19. OX, OY sont deux demi-diamètres conjugués d'une ellipse; il en est de même de OX', OY'. Démontrer que les triangles XOX', YOY' sont équivalents.

20. La pression étant uniforme dans une masse fluide, tout corps immergé, de forme polyédrique, ne peut être soumis à aucun couple par le fait des pressions.

21. Trouver les conditions pour que trois plans, dont on donne les équations, se coupent suivant une ligne droite.

22. Former l'équation de la surface décrite par une droite qui reste toujours perpendiculaire à une droite donnée, en s'appuyant sur deux droites données.

23. Former l'équation d'une droite rencontrant à angles droits deux droites données.

24. Soient

$$\mathfrak{T}_X = \mathfrak{T}_A = \mathfrak{T}_B = 1 \quad \text{et} \quad \mathfrak{S}_{ABX} = 0.$$

Montrer qu'on a

$$S.\mathfrak{U}(x - A)\,\mathfrak{U}(x - B) = \sqrt{\frac{1}{2}(1 - S_{AB})}.$$

Interprétation géométrique.

25. Deux points se meuvent uniformément en ligne droite. Étudier le mouvement relatif de l'un par rapport à l'autre. Déterminer l'instant où la distance des deux points est minimum.

26. Une droite de longueur donnée se meut en s'appuyant sur deux circonférences dans le même plan. Trouver l'équation du lieu que décrit un point de cette droite.

27. Lieu des points d'où une droite de longueur donnée est vue sous un angle donné.

28. Discuter les courbes représentées par l'équation

$$X = \frac{A + x B + x^2 C}{a + x b + x^2 c},$$

A, B, C, a, b, c étant donnés.

29. Toute rotation peut se décomposer en deux autres d'une demi-révolution chacune.

30. Donner la formule générale des rotations successives autour de trois axes rectangulaires.

CHAPITRE X.

ÉQUATIONS DU PREMIER DEGRÉ.

Équation générale du premier degré.

118. Une équation du premier degré, par rapport à un quaternion inconnu X, est celle qui contient ce quaternion à la première puissance, avec des quaternions connus, soit isolément, soit sous les caractéristiques S ou V.

Cette équation aura donc la forme

$$\Sigma A X B + \Sigma C . S A' X B' + \Sigma D . V A'' X B'' . E = F.$$

Le troisième terme rentre dans les deux premiers si l'on remplace $V A'' X B''$ par $A'' X B'' - S A'' X B''$, de sorte qu'on a

$$(1) \qquad \Sigma A X B + \Sigma C . S A' X B' = F.$$

Pour résoudre cette équation, on décompose les quaternions en leurs parties réelles et vectorielles. Des calculs faciles, bien qu'un peu longs, et dans le détail desquels nous n'entrerons pas ici, montrent que la partie réelle X_0 et la partie vectorielle x du quaternion X s'obtiennent séparément, savoir : X_0 par les procédés les plus ordinaires quand on connaît x, et x par une équation de la forme

$$(2) \qquad \Sigma_B S_A x + V Q x = c.$$

Toute la question est donc ramenée à la résolution de cette équation, dans laquelle l'inconnue est maintenant un vecteur.

119. Désignons par Φx le premier membre de l'équation (2). Cette fonction est du premier degré en x et représente un vecteur : nous dirons que c'est une fonction *vectorielle* et *linéaire*.

Si par le symbole Φ^{-1} nous représentons la fonction *inverse* de Φ, c'est-à-dire telle que $\Phi^{-1}(\Phi x) = x$, nous voyons que, l'équation (2) pouvant s'écrire $\Phi x = c$, on en tirera $x = \Phi^{-1} c$. Le problème consiste donc à déterminer cette fonction inverse Φ^{-1}.

Remarquons en passant que les opérations Φ^{-1} et Φ sont commutatives, ce que nous exprimerons symboliquement par la relation

$$\Phi^{-1}\Phi = \Phi\Phi^{-1} = \mathbf{1}.$$

Principales propriétés des fonctions Φ. — Fonctions conjuguées.

120. Toute fonction Φ, définie par le premier membre de l'équation (2), jouit évidemment, d'après sa forme même, des propriétés suivantes :

1º $\Phi(x + y + \ldots) = \Phi x + \Phi y + \ldots$

2º $d\Phi x = \Phi dx$; cette propriété est une conséquence immédiate de la précédente.

3º $\Phi a x = a \Phi x$, a étant une quantité réelle.

121. La fonction $\Phi(\Phi x)$ sera représentée par $\Phi^2 x$. De même l'application, n fois répétée, de l'opération représentée par cette fonction Φ sera désignée par $\Phi^n x$.

Par analogie $\Phi^{-1}(\Phi^{-1} x) = \Phi^{-2} x$, et en général nous aurons le symbole $\Phi^{-n} x$.

Il est clair que

$$\Phi^{p_1}\,\Phi^{-q_1}\,\Phi^{-q_2}\,\Phi^{p_2}\,\Phi^{p_3}\,\Phi^{-q_3}\ldots = \Phi^{p_1+p_2+\cdots-q_1-q_2-\cdots},$$

l'ordre des opérations n'influant d'ailleurs en rien sur le résultat.

122. Reprenons la fonction vectorielle

$$(3) \qquad \Phi x = \Sigma_B\,S\,Ax + \mho\,Qx;$$

opérons par $S\,.\,y\times$, y étant un autre vecteur quelconque. Il viendra

$$S\,y\,\Phi x = \Sigma\,S\,yB\,S\,Ax + S\,y\,\mho\,Qx$$
$$= \Sigma\,S\,xA\,S\,By + S\,y\,(Q_0 + Q_i)\,x$$
$$= \Sigma\,S\,xA\,S\,By + S\,x\,(Q_0 - Q_i)\,y,$$

ou

$$S\,y\,\Phi x = S\,x\,(\Sigma_A\,S\,By + \mho\,\overline{Q}\,y),$$

c'est-à-dire

$$(4) \qquad S\,y\,\Phi x = S\,x\,\Phi' y,$$

si nous posons

$$(5) \qquad \Phi' y = \Sigma_A\,S\,By + \mho\,\overline{Q}\,y.$$

La fonction Φ' est dite la *conjuguée* de Φ; elle en diffère, comme on le voit, par l'échange des lettres A et B, et aussi par le changement du quaternion Q en son conjugué. Il est évident que réciproquement Φ est la conjuguée de Φ', par cette définition même.

La propriété caractéristique des fonctions vectorielles linéaires conjuguées se trouve définie par la relation (4).

123. Lorsque $\Phi' = \Phi$, on dit que la fonction Φ est *conjuguée à elle-même.* S'il n'en est pas ainsi, on a, par la définition (4),

$$\mathsf{S}\, \mathbf{Y}\, \Phi'\mathbf{x} = \mathsf{S}\, \mathbf{x}\, \Phi\, \mathbf{Y},$$

la propriété s'appliquant à tous les vecteurs possibles. Donc, ajoutant avec (4),

$$\mathsf{S}\, \mathbf{Y}\, (\Phi + \Phi')\mathbf{x} = \mathsf{S}\, \mathbf{x}\, (\Phi + \Phi')\mathbf{Y},$$

ce qui montre que la fonction $\Phi + \Phi'$ est toujours conjuguée à elle-même.

De plus,

$$\mathsf{S}\, \mathbf{x}\, \Phi\, \mathbf{x} = \mathsf{S}\, \mathbf{x}\, \Phi'\mathbf{x} \quad \text{ou} \quad \mathsf{S}\, \mathbf{x}\, (\Phi - \Phi')\mathbf{x} = 0.$$

Donc $(\Phi - \Phi')\mathbf{x}$ est perpendiculaire à $\mathbf{x}$, ou

$$(\Phi - \Phi')\mathbf{x} = \mathbf{U}\, \mathbf{D}\, \mathbf{x}.$$

Par conséquent,

$$\Phi\mathbf{x} = \tfrac{1}{2}(\Phi + \Phi')\mathbf{x} + \tfrac{1}{2}(\Phi - \Phi')\mathbf{x} = \tfrac{1}{2}(\Phi + \Phi')\mathbf{x} + \tfrac{1}{2}\mathbf{U}\, \mathbf{D}\, \mathbf{x}.$$

Cela nous montre que toute fonction vectorielle et linéaire de $\mathbf{x}$ ne diffère d'une fonction conjuguée à elle-même que par un terme de la forme $\mathbf{U}\, \mathbf{D}\, \mathbf{x}$.

Si la fonction Φ est conjuguée à elle-même, le vecteur $\mathbf{D}$ s'annule évidemment.

L'application successive des deux opérations Φ, Ψ, répondant à des fonctions vectorielles et linéaires, a pour résultat une nouvelle fonction linéaire et vectorielle, comme on le voit immédiatement par le calcul en développant les termes.

Cela étant, la fonction $\Phi\Phi'$, comme $\Phi + \Phi'$, est conjuguée à elle-même; car, d'après (4),

$$\mathsf{S}\, \mathbf{x}\, \Phi\Phi'\mathbf{Y} = \mathsf{S}\, \Phi'\mathbf{Y}\, \Phi'\mathbf{x} = \mathsf{S}\, \Phi'\mathbf{x}\, \Phi'\mathbf{Y} = \mathsf{S}\, \mathbf{Y}\, \Phi\Phi'\mathbf{x}.$$

Remarquons enfin que la fonction $\Phi + g$ est vectorielle et linéaire, comme Φ, et que sa conjuguée est $\Phi' + g$, si celle de Φ est Φ'.

Nous bornons là, pour l'instant, l'énoncé des nombreuses et intéressantes propriétés que possèdent les fonctions Φ.

Inversion de la fonction Φ. — Première méthode.

124. Tout vecteur, en général, peut s'exprimer par la somme de trois vecteurs non coplanaires quelconques, multipliés par des coefficients réels. Or x, Φx, $\Phi^2 x$ sont généralement non coplanaires. On pourra donc exprimer le vecteur $\Phi^3 x$ sous la forme

$$(6) \qquad \Phi^3 x = \lambda x + \mu \Phi x + \nu \Phi^2 x.$$

Si l'on opère sur cette relation par Φ^{-1}, c'est-à-dire si l'on remplace x par $\Phi^{-1} x$, on aura

$$\Phi^2 x = \lambda \Phi^{-1} x + \mu x + \nu \Phi x,$$

$$(7) \qquad \lambda \Phi^{-1} x = \mu x + \nu \Phi x - \Phi^2 x.$$

La fonction Φ^{-1} se trouve donc exprimée ainsi au moyen d'opérations directes.

Les quantités réelles λ, μ, ν, indépendantes de x, pourront se déterminer en remplaçant successivement x par trois vecteurs connus quelconques, et en résolvant les trois équations résultantes.

125. Il reste à voir que cette solution générale s'applique également aux cas particuliers qui peuvent se présenter.

Tout d'abord, si Φx est parallèle à x, et par conséquent de la forme $k\mathbf{x}$, on aura $\Phi^3\mathbf{x} = k^3\mathbf{x}$, c'est-à-dire la relation (6) lorsque μ et ν sont nuls.

Si $\mathbf{x}$, $\Phi\mathbf{x}$, $\Phi^2\mathbf{x}$ sont coplanaires, on peut écrire

$$\Phi^2\mathbf{x} = p\mathbf{x} + q\Phi\mathbf{x},$$

d'où

$$\Phi^3\mathbf{x} = p\Phi\mathbf{x} + q\Phi^2\mathbf{x} = pq\mathbf{x} + (p + q^2)\Phi\mathbf{x},$$

ce qui rentre encore dans la formule (6), dont l'usage est ainsi tout à fait général.

Si dans l'équation (7) on avait $\lambda = 0\,(\mu \gtrless 0)$, on aurait, en opérant encore par Φ^{-1},

$$-\mu\Phi^{-1}\mathbf{x} = \nu\mathbf{x} - \Phi\mathbf{x}.$$

Si $\lambda = 0$, $\mu = 0$, il vient enfin

$$\nu\Phi^{-1}\mathbf{x} = \mathbf{x}.$$

EXERCICE.

75. *Effectuer l'inversion de la fonction*

$$\Phi\mathbf{x} = -a_1^2 \mathbf{I}_1 \, S\mathbf{I}_1\mathbf{x} - a_2^2 \mathbf{I}_2 \, S\mathbf{I}_2\mathbf{x} - a_3^2 \mathbf{I}_3 \, S\mathbf{I}_3\mathbf{x}.$$

Cette fonction particulière a une grande importance dans l'étude des surfaces à centre du second ordre.

Si nous y remplaçons successivement $\mathbf{x}$ par $\mathbf{I}_1$, $\mathbf{I}_2$, $\mathbf{I}_3$, nous avons

$$\Phi\mathbf{I}_1 = a_1^2\mathbf{I}_1, \quad \Phi\mathbf{I}_2 = a_2^2\mathbf{I}_2, \quad \Phi\mathbf{I}_3 = a_3^2\mathbf{I}_3.$$

De là,

$$\Phi^2\mathbf{I}_1 = a_1^4\mathbf{I}_1, \ldots, \quad \text{et de même} \quad \Phi^3\mathbf{I}_1 = a_1^6\mathbf{I}_1, \ldots.$$

L'équation (6) nous donnera donc

$$a_1^6 = \lambda + \mu a_1^2 + \nu a_1^4, \quad a_2^6 = \lambda + \mu a_2^2 + \nu a_2^4, \quad a_3^6 = \lambda + \mu a_3^2 + \nu a_3^4.$$

Donc a_1^2, a_2^2, a_3^2 sont les racines de l'équation

$$z^3 - \nu z^2 - \mu z - \lambda = 0,$$

et, par conséquent,

$$\lambda = a_1^2 a_2^2 a_3^2, \quad \mu = -(a_1^2 a_2^2 + a_2^2 a^2 + a_3^2 a_1^1), \quad \nu = a_1^2 + a_2^2 + a_3^2.$$

On aura ainsi

$$\Phi^3 x = a_1^2 a_2^2 a_3^2 x - (a_1^2 a_2^2 + a_2^2 a_3^2 + a_3^2 a_1^2) \Phi x$$
$$+ (a_1^2 + a_2^2 + a_3^2) \Phi^2 x,$$

relation qui peut encore s'écrire

$$(\Phi - a_1^2)(\Phi - a_2^2)(\Phi - a_3^2) x = 0.$$

On en tire

$$a_1^2 a_2^2 a_3^2 \Phi^{-1} x = (a_1^2 a_2^2 + a_2^2 a_3^2 + a_3^2 a_1^2) x$$
$$- (a_1^2 + a_2^2 + a_3^2) \Phi x + \Phi^2 x,$$

c'est-à-dire l'inversion de la fonction Φ ou la solution de l'équation $\Phi x = c$.

Inversion de la fonction Φ. — Méthode d'Hamilton.

126. Soient L, M deux vecteurs tels qu'on ait

$$(8) \qquad \Phi x = U_{LM};$$

on tire immédiatement de là

$$S_L \Phi x = 0, \quad S_M \Phi x = 0,$$

et, par l'introduction de la fonction conjuguée Φ' (**122**),

$$S x \Phi' L = 0, \quad S x \Phi' M = 0.$$

Le vecteur x est donc perpendiculaire à $\Phi' L$ et à $\Phi' M$, c'est-à-dire à l'axe du quaternion $\Phi'_L \Phi'_M$. Ainsi,

$$(9) \qquad m\, \mathrm{x} = \mathsf{U}\, \Phi'_L \Phi'_M.$$

Or, d'après la relation (8), $\mathrm{x} = \Phi^{-1}\, \mathsf{U}_{LM}$; donc

$$(10) \qquad m\, \Phi^{-1}\, \mathsf{U}_{LM} = \mathsf{U}\, \Phi'_L \Phi'_M.$$

Il s'agit à présent, pour tirer de là l'inversion de Φ, de déterminer la constante m et d'exprimer le second membre en fonction du vecteur U_{LM}.

Soit N un vecteur quelconque, non coplanaire avec L et M. Opérons sur (10) par $S\,.\,\Phi'_N \times$, en tenant compte des relations précédentes et de la propriété fondamentale des fonctions conjuguées ; nous aurons

$$m\,S\,.\,\Phi'_N\,\Phi^{-1}\,\mathsf{U}_{LM} = S\,.\,\Phi'_N\,\mathsf{U}\,\Phi'_L\Phi'_M = m\,S\,.\,N\,\Phi\Phi^{-1}\,\mathsf{U}_{LM}$$
$$= m\,S_{LMN} = m\,S(\mathsf{U}_{LM}\,.\,N) = S(\Phi\mathsf{U}\,\Phi'_L\Phi'_M\,.\,N)$$
$$= S(\mathsf{U}\,\Phi'_L\Phi'_M)\,\Phi'_N = S\,.\,\Phi'_L\Phi'_M\,\Phi'_N.$$

De là

$$(11) \qquad m = \frac{S\,.\,\Phi'_L\,\Phi'_M\,\Phi'_N}{S_{LMN}}\,.$$

Cette quantité m est indépendante des valeurs particulières de L, M, N. En effet, si on remplace L par $L + z\,M$, le numérateur et le dénominateur restent séparément invariables. Donc on peut ainsi, par des modifications successives, amener les vecteurs L, M, N à trois valeurs quelconques, sans que m soit altérée.

Changeons maintenant Φ en $\Phi + g$ dans l'équation (10), g étant un nombre réel quelconque. Si nous appelons m_g ce que devient la constante m par cette transformation, nous aurons

$$(12) \quad \left\{ \begin{aligned} m_g\,(\Phi+g)^{-1}\,\mathsf{U}_{LM} &= \mathsf{U}\,.\,(\Phi'+g)_L\,(\Phi'+g)_M \\ &= \mathsf{U}\,\Phi'_L\Phi'_M + g\,\mathsf{U}(_L\Phi'_M + \Phi'_L\,._M) + g^2\,\mathsf{U}_{LM} \\ &= (m\,\Phi^{-1} + g\,\Psi + g^2)\,\mathsf{U}_{LM}, \end{aligned} \right.$$

en posant pour l'instant

$$\Psi \mathfrak{U}_{\text{LM}} = \mathfrak{U}\left(\text{L}\Phi'\text{M} + \Phi'\text{L}.\text{M}\right),$$

sauf à étudier tout à l'heure ce qu'est cette fonction Ψ

D'après la relation (11), nous avons

$$(13) \qquad m_g = \frac{\mathfrak{S}\left[\left(\Phi' + g\right)\text{L}.\left(\Phi' + g\right)\text{M}.\left(\Phi' + g\right)\text{N}\right]}{\mathfrak{S}\,\text{LMN}}$$
$$= m + m_1 g + m_2 g^2 + g^3;$$

m_1 et m_2 sont deux nouveaux coefficients réels, dont les valeurs

$$(14) \quad \begin{cases} m_1 = \dfrac{\mathfrak{S}\left(\text{L}\Phi'\text{M}\Phi'\text{N} + \text{M}\Phi'\text{N}\Phi'\text{L} + \text{N}\Phi'\text{L}\Phi'\text{M}\right)}{\mathfrak{S}\,\text{LMN}}, \\[2em] m_2 = \dfrac{\mathfrak{S}\left(\text{MN}\Phi'\text{L} + \text{NL}\Phi'\text{M} + \text{LM}\Phi'\text{N}\right)}{\mathfrak{S}\,\text{LMN}} \end{cases}$$

sont, tout comme m, indépendantes de L, M, N.

Actuellement, substituons à m_g sa valeur dans la relation (12), puis opérons par $\Phi + g$, et il nous restera l'égalité

$$\left(m + m_1 g + m_2 g^2 + g^3\right)\mathfrak{U}_{\text{LM}}$$
$$= \left[m + g\left(\Phi\Psi + m\Phi^{-1}\right) + g^2\left(\Phi + \Psi\right) + g^3\right]\mathfrak{U}_{\text{LM}},$$

c'est-à-dire, en supprimant les termes identiques et identifiant les coefficients de g et de g^2, que nous aurons les deux égalités symboliques

$$(15) \qquad m_1 = \Phi\Psi + m\Phi^{-1}, \quad m_2 = \Phi + \Psi.$$

La seconde nous donne $\Psi = m_2 - \Phi$ et nous montre, en conséquence, que la fonction Ψ est, elle aussi, vectorielle linéaire.

De plus, l'élimination de Ψ entre les deux équations (15) donne

$$(16) \qquad m\,\Phi^{-1} = m_1 - m_2\Phi + \Phi^2.$$

Cette dernière équation symbolique nous fournit la solution complète des équations vectorielles linéaires par la méthode d'Hamilton, que nous venons d'exposer.

127. Tout le problème, on le voit, se ramène à la détermination des valeurs réelles m, m_1, m_2. Lorsque ces coefficients sont déterminés, l'équation symbolique (16), et par conséquent

$$(17) \qquad \Phi^3 - m_2\Phi^2 + m_1\Phi - m = 0,$$

est satisfaite, c'est-à-dire qu'on a

$$(18) \qquad \left(\Phi^3 - m_2\Phi^2 + m_1\Phi - m\right)x = 0,$$

quel que soit le vecteur x.

Si nous formons l'équation du troisième degré

$$(19) \qquad s^3 - m_2 s^2 + m_1 s - m = 0,$$

et que nous en appelions les racines s_1, s_2, s_3, l'équation ci-dessus pourra s'écrire sous forme symbolique :

$$(20) \qquad (\Phi - s_1)(\Phi - s_2)(\Phi - s_3) = 0.$$

Directions principales.

128. Cherchons la condition pour que x soit parallèle à Φx, c'est-à-dire pour que l'opération Φ appliquée à un vecteur n'en altère pas la direction. Nous devrons avoir

$$(21) \qquad \Phi x = sx \quad \text{ou} \quad Vx\Phi x = 0.$$

De là

$$\Phi^2 x = z^2 x, \quad \Phi^3 x = z^3 x,$$

et par conséquent, en substituant dans l'équation fondamentale (18),

$$\left(z^3 - m_2 z^2 + m_1 z - m \right) x = 0,$$

si bien que z doit être l'une des trois racines s_1, s_2, s_3 de l'équation (19).

L'une de ces racines au moins est réelle, puisque l'équation est du troisième degré. Supposons pour un instant qu'elles le soient toutes les trois.

La solution du problème sera donc donnée nécessairement par l'une quelconque des directions x_1, x_2, x_3 qui satisfont aux conditions

$$(22) \quad (\Phi - s_1) x_1 = 0, \quad (\Phi - s_2) x_2 = 0, \quad (\Phi - s_3) x_3 = 0.$$

Décomposons x, vecteur quelconque, suivant ces trois directions x_1, x_2, x_3, que nous appellerons *directions principales*. Nous aurons

$$(23) \qquad x = \alpha_1 x_1 + \alpha_2 x_2 + \alpha_3 x_3.$$

Opérant par $\Phi - s_1$, en tenant compte des conditions (22),

$$(\Phi - s_1) x = \alpha_2 (s_2 - s_1) x_2 + \alpha_3 (s_3 - s_1) x_3.$$

Ainsi, l'opération $\Phi - s_1$ fait perdre à un vecteur x quelconque sa composante parallèle à x_1.

Opérant de nouveau par $\Phi - s_2$, il vient

$$
\begin{cases}
(\Phi - s_1)(\Phi - s_2) x = \alpha_3 (s_3 - s_2)(s_3 - s_1) x_3, \\
\text{et de même} \\
(\Phi - s_1)(\Phi - s_3) x = \alpha_2 (s_2 - s_1)(s_2 - s_3) x_2, \\
(\Phi - s_2)(\Phi - s_3) x = \alpha_1 (s_1 - s_2)(s_1 - s_3) x_1.
\end{cases}
\tag{24}
$$

Les trois directions principales sont donc fournies par les expressions suivantes, quel que soit x,

$$(25) \qquad \begin{cases} (\Phi - s_1)(\Phi - s_2)x, \\ (\Phi - s_1)(\Phi - s_3)x, \\ (\Phi - s_2)(\Phi - s_3)x, \end{cases}$$

toutes les fois que les racines s_1, s_2, s_3 sont inégales.

Il importe d'établir qu'on aura bien ainsi toutes les directions. En d'autres termes, il n'y a pas deux directions différentes qui puissent donner, par exemple,

$$(\Phi - s_1)x_1 = 0, \quad (\Phi - s_1)y_1 = 0.$$

En effet, si une pareille direction y_1 existait, en dehors de x_1, nous décomposerions x suivant y_1, x_2 et x_3, et, formant la quantité $(\Phi - s_2)(\Phi - s_3)x$, comme ci-dessus, nous aurions

$$(\Phi - s_2)(\Phi - s_3)x = \beta_1(s_1 - s_2)(s_1 - s_3)y_1 ;$$

d'où l'identité

$$(26) \qquad \alpha_1(s_1 - s_2)(s_1 - s_3)x_1 = \beta_1(s_1 - s_2)(s_1 - s_3)y_1,$$

qui ne peut subsister, x_1 et y_1 ayant des directions différentes, qu'autant qu'on a

$$s_1 = s_2 \quad \text{ou} \quad s_1 = s_3,$$

c'est-à-dire que si les racines ne sont pas différentes les unes des autres.

Prenons maintenant l'hypothèse de deux racines égales, $s_2 = s_3$ par exemple. Si nous opérons par $\Phi - s_2$ sur l'équation (23), nous aurons

$$(27) \qquad (\Phi - s_2)x = \alpha_1(s_1 - s_2)x_1,$$

en admettant que la direction x_3 satisfasse, comme x_2, à la condition $\Phi x = s_2 x$.

Donc la direction x_1 sera donnée par $(\Phi - s_2)\,x$, quel que soit x.

Si nous opérons au contraire par $\Phi - s_1$ sur cette même équation (23), il vient

$$(28) \qquad (\Phi - s_1)\,x = (s_2 - s_1)(\alpha_2 x_2 + \alpha_3 x_3).$$

Ainsi, un vecteur quelconque v dans le plan $(x_2 x_3)$ est donné en direction par $(\Phi - s_1)\,x$, quel que soit x. Il est d'ailleurs évident que tout vecteur dans ce plan satisfait à la condition $(\Phi - s_2)\,v = 0$.

Enfin, si les trois racines s_1, s_2, s_3 sont égales, il est clair qu'en opérant par $\Phi - s_1$ sur l'équation (23), on obtient

$$(\Phi - s_1)\,x = 0,$$

c'est-à-dire que tout vecteur de l'espace est une direction principale.

Dans le cas où deux racines seraient imaginaires, on n'aurait plus qu'une seule direction principale au lieu de trois. Les autres, substituées dans les formules (25), donneraient, comme directions, des *bivecteurs* [1].

129. Dans le cas où les racines de l'équation (19) sont réelles et inégales, les trois directions principales x_1, x_2, x_3 forment un trièdre, que nous pouvons appeler *trièdre principal*.

Puisque nous avons identiquement $(\Phi - s_1)\,x_1 = 0$, nous aurons aussi

$$(29) \qquad S\,x\,(\Phi - s_1)\,x_1 = 0,$$

----

[1] Hamilton et Tait désignent respectivement par *bivecteurs* et *biquaternions* des expressions de la forme $A + B\sqrt{-1}$ et $A + B\sqrt{-1}$, $\sqrt{-1}$ étant l'unité imaginaire de l'Algèbre ordinaire.

quel que soit x; c'est-à-dire, en vertu de la relation (4)

$$(30) \qquad S\,x_1(\Phi' - s_1)x = 0.$$

Ainsi, tout vecteur de la forme $(\Phi' - s_1)x$ est perpendiculaire à x_1. De même, tout vecteur $(\Phi' - s_2)x$ est perpendiculaire à x_2.

Par conséquent, le vecteur $(\Phi' - s_1)(\Phi' - s_2)x$, dont nous désignerons la direction par x'_3, est à la fois perpendiculaire à x_1 et x_2.

De même les directions

$$(\Phi' - s_1)(\Phi' - s_3)x \quad \text{et} \quad (\Phi' - s_2)(\Phi' - s_3)x,$$

ou x'_2 et x'_1 sont perpendiculaires aux plans $(x_1 x_3)$ et $(x_2 x_3)$ respectivement.

Le trièdre formé par x'_1, x'_2, x'_3 est donc supplémentaire du trièdre principal. Nous pourrons l'appeler *trièdre principal conjugué*. C'est le trièdre principal de la fonction Φ', et il est manifeste que le premier est, réciproquement, le conjugué du second.

130. Supposons maintenant que la fonction considérée Φ soit conjuguée à elle-même. Nous allons démontrer qu'alors les trois racines de l'équation (19) sont nécessairement réelles.

Soit en effet $s_1 + t_1\sqrt{-1}$ l'une de ces racines, et appelons $x_1 + y_1\sqrt{-1}$ la valeur qui en résulte, en vertu de la première équation (24), pour le bivecteur correspondant.

Nous aurons, en vertu de la première relation (22),

$$\Phi(x_1 + y_1\sqrt{-1}) = (s_1 + t_1\sqrt{-1})(x_1 + y_1\sqrt{-1}),$$

relation qui se dédouble de la manière suivante :

$$\Phi\,x_1 = s_1 x_1 - t_1 y_1, \quad \Phi\,y_1 = s_1 y_1 + t_1 x_1.$$

Opérant respectivement par $S.y_1 \times$ et $S.x_1 \times$, puis retranchant membre à membre, nous aurons, en appliquant la formule (4),

$$0 = t_1 (x_1^2 + y_1^2);$$

x_1 et y_1 ne s'annulant pas tous deux, il faut donc $t_1 = 0$, ce qui démontre bien la réalité des racines de l'équation en s.

131. Soit toujours une fonction Φ conjuguée à elle-même et appelons comme ci-dessus x_1, x_2, x_3 les directions principales, qui seront toujours données par la même méthode, mais qui, toutes trois, seront ici nécessairement réelles.

Nous aurons encore l'équation (29), mais nous en déduirons, au lieu de (30),

$$(31) \qquad S x_1 (\Phi - s_1) x = 0,$$

quel que soit x.

Or, d'après les formules (25), les directions x_2 et x_3 sont de la forme $(\Phi - s_1) x$. Donc x_1 est à la fois perpendiculaire à x_2 et à x_3. On établirait de même que x_2 est perpendiculaire à x_3, et l'on voit, par conséquent, que le trièdre principal est trirectangle. Il est d'ailleurs évidemment identique avec son conjugué.

132. Si l'on écrit encore x, comme plus haut, sous la forme

$$x = \alpha_1 x_1 + \alpha_2 x_2 + \alpha_3 x_3,$$

on aura

$$\Phi x = \alpha_1 \Phi x_1 + \alpha_2 \Phi x_2 + \alpha_3 \Phi x_3,$$

c'est-à-dire, à cause des relations (22),

$$(32) \qquad \Phi x = s_1 \alpha_1 x_1 + s_2 \alpha_2 x_2 + s_3 \alpha_3 x_3.$$

On pourra donc, en vertu de la relation (21) du Chapitre IX (p. 169), en prenant pour A, B, C les trois directions principales, mettre toute fonction vectorielle linéaire sous la forme

$$(33) \quad \Phi \mathbf{x} = s_1 \mathbf{x}_1 \, S \, \mathbf{x}_2 \mathbf{x}_3 \mathbf{x} + s_2 \mathbf{x}_2 \, S \, \mathbf{x}_3 \mathbf{x}_1 \mathbf{x} + s_3 \mathbf{x}_3 \, S \, \mathbf{x}_1 \mathbf{x}_2 \mathbf{x}.$$

Si l'on adopte pour directions des unités imaginaires i_1, i_2, i_3 les trois directions orthogonales $\mathbf{x}_1, \mathbf{x}_2, \mathbf{x}_3$, dans le cas d'une fonction conjuguée à elle-même, on pourra mettre cette fonction sous la forme

$$(34) \quad \Phi \mathbf{x} = - s_1 i_1 \, S \, i_1 \mathbf{x} - s_2 i_2 \, S \, i_2 \mathbf{x} - s_3 i_3 \, S \, i_3 \mathbf{x}.$$

Il est possible de tirer de là une transformation importante et de mettre la fonction considérée sous la forme

$$(35) \quad \Phi \mathbf{x} = l \mathbf{x} + m \, V (i_1 + n\, i_3) \mathbf{x} (i_1 - n\, i_3).$$

En développant le second membre, après avoir remplacé $\mathbf{x}$ par $\alpha_1 i_1 + \alpha_2 i_2 + \alpha_3 i_3$, remplaçant $\Phi \mathbf{x}$ par

$$s_1 \alpha_1 i_1 + s_2 \alpha_2 i_2 + s_3 \alpha_3 i_3,$$

puis identifiant, on trouve par un calcul facile

$$s_1 = l - m - mn^2,$$
$$s_2 = l + m - mn^2,$$
$$s_3 = l + m + mn^2.$$

De là

$$n^2 = \frac{s_3 - s_2}{s_2 - s_1}, \quad l = \frac{s_1 + s_3}{2}, \quad m = \frac{s_2 - s_1}{2}.$$

On a donc une valeur réelle pour n si l'on a choisi pour i_1 et i_3 les directions principales correspondant à la plus grande et à la plus petite des trois racines de l'équation en s.

Cette transformation a de l'intérêt au point de vue des applications géométriques.

———

EXERCICES.

76. *Résoudre l'équation*

$$\mathcal{U}_{AXB} = C.$$

Dans cet exemple et dans quelques-uns de ceux qui vont suivre, on pourrait certainement, par des procédés particuliers, obtenir la solution beaucoup plus simplement que nous n'allons le faire; mais nous tenons par-dessus tout à employer la méthode générale d'Hamilton, notre but étant, par ces exercices, de familiariser le lecteur avec cette méthode.

En posant $\Phi_X = \mathcal{U}_{AXB}$, on reconnaît immédiatement que $\mathcal{S}_{Y\Phi X} = \mathcal{S}_{X\Phi Y}$, de sorte que $\Phi_X = \Phi'_X$. Donc, d'après la formule (11),

$$m = \frac{\mathcal{S}(\mathcal{U}_{ALB}\,\mathcal{U}_{AMB}\,\mathcal{U}_{ANB})}{\mathcal{S}_{LMN}}.$$

Prenons pour L, M, N les vecteurs non coplanaires A, B, C. Alors il viendra

$$m = \frac{A^2 B^2 \, \mathcal{S}(BA\,\mathcal{U}_{ACB})}{\mathcal{S}_{ABC}}.$$

Mais (111)

$$\mathcal{U}_{ACB} = A\,\mathcal{S}_{CB} - C\,\mathcal{S}_{AB} + B\,\mathcal{S}_{AC},$$

et de là

$$m = A^2 B^2 \, \mathcal{S}_{AB}.$$

On trouve ensuite, en vertu des relations (14),

$$m_1 = - A^2 B^2, \quad m_2 = - \mathcal{S}_{AB}.$$

Introduisant ces valeurs dans la formule (16),

$$\text{A}^2\text{B}^2\,\mathcal{S}\,\text{AB}\,\Phi^{-1}\text{C} = -\,\text{A}^2\text{B}^2\text{C} + \mathcal{S}\,\text{AB}\,\mathcal{V}\,\text{ACB} + \mathcal{V}(\text{A}\,\mathcal{V}\,\text{ACB}\,.\,\text{B}$$

$$= -\,\text{A}^2\text{B}^2\text{C} + \text{AB}^2\,\mathcal{S}\,\text{AC} + \text{BA}^2\,\mathcal{S}\,\text{BC},$$

en développant $\mathcal{V}$ ACB.

Donc

$$\Phi^{-1}\text{C} = \text{X} = \frac{-\,\text{C} + \text{A}^{-1}\,\mathcal{S}\,\text{AC} + \text{B}^{-1}\,\mathcal{S}\,\text{BC}}{\mathcal{S}\,\text{AB}}.$$

Il est facile de vérifier cette valeur.

77. *Résoudre l'équation*

$$\mathcal{V}\,\text{ABX} = \text{C}.$$

Ici la fonction

$$\Phi\text{X} = \mathcal{V}\,\text{ABX}$$

n'est pas conjuguée à elle-même. On a

$$\Phi'\text{X} = \overline{\mathcal{V}\,\text{ABX}} = \mathcal{V}\,\text{BAX}.$$

Prenons encore pour L, M, N les trois vecteurs non coplanaires A, B, C.

Le calcul nous donnera, par des transformations faciles et déjà connues,

$$m = \text{A}^2\text{B}^2\,\mathcal{S}\,\text{AB}, \quad m_1 = 2\left(\mathcal{S}\,\text{AB}\right)^2 + \text{A}^2\text{B}^2, \quad m_2 = 3\,\mathcal{S}\,\text{AB};$$

et, en substituant dans la formule (16), on obtiendra

$$\text{A}^2\text{B}^2\,\mathcal{S}\,\text{AB}\,.\,\text{X} = -\,\mathcal{S}\,\text{AC}\,.\,\text{B}^2\text{A} + \left(2\,\mathcal{S}\,\text{AC}\,\mathcal{S}\,\text{AB} - \text{A}^2\,\mathcal{S}\,\text{BC}\right)\text{B} + \text{A}^2\text{B}^2\text{C},$$

formule qui nous donne la solution.

Dans cet exemple comme dans le précédent, nous laissons de côté le cas de A, B, C coplanaires, qui est beaucoup plu simple.

78. *Résoudre l'équation*

$$\mathcal{V}\,\text{EX} = \text{C}.$$

Voici un premier mode de solution très simple. On a

$$\mathbb{V}\,\varepsilon h\varepsilon^{-1} = 0,$$

quelle que soit la quantité réelle h. Donc

$$\mathbb{V}\,\varepsilon\mathrm{x} = \mathbb{V}\,\varepsilon(\mathrm{x} - h\varepsilon^{-1}) = \mathrm{c},$$

c'est-à-dire un vecteur constant, indépendant de h. Donc le quaternion $\varepsilon(\mathrm{x} - h\varepsilon^{-1})$ est de la forme

$$\varepsilon(\mathrm{x} - h\varepsilon^{-1}) = c + \mathrm{c},$$

tant un nombre réel arbitraire. De là

$$\varepsilon\mathrm{x} = h + c + \mathrm{c} = k + \mathrm{c} \quad \text{et} \quad \mathrm{x} = \varepsilon^{-1}(k + \mathrm{c}).$$

Appliquons maintenant la méthode générale. Choisissons pour L, M, N les trois vecteurs ε, c, $\mathbb{V}\,\varepsilon\mathrm{c} = \varepsilon\mathrm{c}$. On a

$$\Phi\mathrm{x} = \mathbb{V}\,\varepsilon\mathrm{x}, \quad \Phi'\mathrm{x} = \mathbb{V}\,\mathrm{x}\varepsilon.$$

En formant, d'après cela, les valeurs de m, m_1, m_2, on trouve aisément

$$m = 0, \quad m_1 = -\varepsilon^2, \quad m_2 = 0,$$

et, par conséquent, l'équation symbolique (17) devient

$$\Phi^3 - \varepsilon^2\Phi = 0.$$

Alors, opérant par Φ^{-2},

$$\Phi - \varepsilon^2\Phi^{-1} = \Phi^{-2}0.$$

Mais, si $\Phi^{-2}0 = \mathrm{z}$, on a

$$\Phi^2\mathrm{z} = \mathbb{V}(\varepsilon\mathbb{V}\,\varepsilon\mathrm{z}) = 0,$$

ou encore

$$\varepsilon^2\mathrm{z} - \varepsilon\mathbb{S}\,\varepsilon\mathrm{z} = \varepsilon(\varepsilon\mathrm{z} - \mathbb{S}\,\varepsilon\mathrm{z}) = 0.$$

Donc

$$\mathbb{V}\,\varepsilon\mathrm{z} = 0, \quad \text{c'est-à-dire} \quad \mathrm{z} = -k\varepsilon.$$

Par conséquent,

$$+ \varepsilon^2\rho = k\varepsilon + V\varepsilon\gamma = \varepsilon(k + \gamma), \quad \rho = \varepsilon^{-1}(k + \gamma).$$

79. *Résoudre l'équation*

$$\alpha\,S\beta\rho + \alpha'\,S\beta'\rho + \alpha''\,S\beta''\rho = \gamma.$$

Cette équation peut être regardée comme le type des équations linéaires vectorielles. Toute équation de cette espèce peut être ramenée à cette forme, comme on le reconnaît facilement en décomposant ρ suivant les trois directions $V\beta'\beta''$, $V\beta''\beta$, $V\beta\beta'$, non coplanaires.

Le premier membre étant désigné par $\Phi\rho$, nous aurons

$$\Phi'\rho = \beta\,S\alpha\rho + \beta'\,S\alpha'\rho + \beta''\,S\alpha''\rho.$$

Prenons pour λ, μ, ν les trois vecteurs α, α', α''. Alors

$$\Phi'\alpha = \beta\,S\alpha\alpha + \beta'\,S\alpha'\alpha + \beta''\,S\alpha''\alpha,$$
$$\Phi'\alpha' = \beta\,S\alpha'\alpha + \beta'\,S\alpha'\alpha' + \beta''\,S\alpha''\alpha',$$
$$\Phi'\alpha'' = \beta\,S\alpha''\alpha + \beta'\,S\alpha'\alpha'' + \beta''\,S\alpha''\alpha''.$$

De là

$$S(\Phi'\alpha'\,.\,\Phi'\alpha'\,.\,\Phi'\alpha'') = S\beta\beta'\beta'' \begin{vmatrix} S\alpha\alpha & S\alpha'\alpha & S\alpha''\alpha \\ S\alpha'\alpha & S\alpha'\alpha' & S\alpha''\alpha' \\ S\alpha''\alpha & S\alpha'\alpha'' & S\alpha''\alpha'' \end{vmatrix}.$$

En calculant le déterminant, on trouve qu'il a pour valeur

$$- S\alpha\big[\alpha\,S(\alpha'\alpha''\,V\alpha'\alpha'') + \alpha'\,S(\alpha''\alpha\,V\alpha''\alpha) + \alpha''\,S(\alpha\alpha'\,V\alpha\alpha')\big].$$

La quantité entre crochets, comme on peut le reconnaître par le calcul, est égale à

$$- S[\alpha V(\alpha'\alpha''\,S\alpha'\alpha'')] = -(S\alpha\alpha'\alpha'')^2.$$

Par conséquent,

$$m = - S\alpha\alpha'\alpha''\,S\beta\beta'\beta''.$$

Formant aussi les valeurs de m_1 et m_2, on trouve

$$m_1 = \mathfrak{S}\left(\mathbb{U}_{\mathrm{A'A''}}\mathbb{U}_{\mathrm{B'B''}} + \mathbb{U}_{\mathrm{A''A}}\mathbb{U}_{\mathrm{B''B}} + \mathbb{U}_{\mathrm{AA'}}\mathbb{U}_{\mathrm{BB'}}\right),$$
$$m_2 = \mathfrak{S}\left(\mathrm{AB} + \mathrm{A'B'} + \mathrm{A''B''}\right).$$

On a ainsi, pour la solution cherchée,

$$- \mathfrak{S}_{\mathrm{AA'A''}} \cdot \mathfrak{S}_{\mathrm{BB'B''}} \cdot \mathrm{X}$$
$$= - \mathfrak{S}\left(\mathbb{U}_{\mathrm{A'A''}}\mathbb{U}_{\mathrm{B'B''}} + \mathbb{U}_{\mathrm{A''A}}\mathbb{U}_{\mathrm{B''B}} + \mathbb{U}_{\mathrm{AA'}}\mathbb{U}_{\mathrm{BB'}}\right)$$
$$- \mathfrak{S}\left(\mathrm{AB} + \mathrm{A'B'} + \mathrm{A''B''}\right)\Phi \mathrm{C} + \Phi^2\mathrm{C},$$

ou encore, les calculs effectués,

$$\mathfrak{S}_{\mathrm{AA'A''}}\mathfrak{S}_{\mathrm{BB'B''}}\mathrm{X} = \mathbb{U}_{\mathrm{B'B''}}\mathfrak{S}_{\mathrm{A'A''C}} + \mathbb{U}_{\mathrm{B''B}}\mathfrak{S}_{\mathrm{A''AC}} + \mathbb{U}_{\mathrm{BB'}}\mathfrak{S}_{\mathrm{AA'C}}.$$

On serait arrivé beaucoup plus facilement à ce résultat en opérant successivement sur l'équation donnée par $\mathfrak{S}_{\mathrm{A'A''}}\times$, $\mathfrak{S}_{\mathrm{A''A}}\times$, $\mathfrak{S}_{\mathrm{AA'}}\times$.

EXERCICES PROPOSÉS.

1. Résoudre l'équation $\mathbb{U}_{\mathrm{AXB}} = \mathbb{U}_{\mathrm{ACB}}$.

2. Résoudre l'équation $\mathrm{AX} + \mathrm{XB} = \mathrm{C}$.

3. Résoudre l'équation $\mathrm{X} + \mathrm{AXB} = \mathrm{AB}$.

4. Résoudre l'équation $\mathrm{AXA}^{-1} + \mathrm{BXB}^{-1} = \mathrm{CXC}^{-1}$.

5. Résoudre l'équation $\mathrm{AXBX} = \mathrm{XAXB}$.

6. Résoudre l'équation $\mathrm{AXBX} = \mathrm{XBXA}$.

7. Résoudre l'équation $\mathrm{A}\mathfrak{S}_{\mathrm{BX}} + \mathrm{B}\mathfrak{S}_{\mathrm{AX}} - \mathrm{A}\mathbb{U}_{\mathrm{BX}} = \mathrm{C}$.

8. A, B, C étant trois vecteurs unitaires orthogonaux, démon-

trer qu'on a

$$S(V_A \Phi_A \, V_B \Phi_B \, V_C \Phi_C) = - m \, S_B \Phi'^{-1}{}_A \, S_B (\Phi - \Phi')_A,$$

et par suite que cette expression est nulle si la fonction Φ est conjuguée à elle-même.

9. Trouver les valeurs de

$$\Sigma V(V_A \Phi_A . V_B \Phi_B), \quad \Sigma S(V_A \Phi_A . V_B \Phi_B) \quad \text{et} \quad \Sigma_A S_A \Phi_A,$$

dans l'hypothèse de l'exercice précédent.

10. Trouver la condition pour que deux opérations, représentées par les fonctions Φ et Ψ, soient commutatives.

11. Démontrer qu'on a

$$\Phi'(V \Phi x \Phi^2 x) = - \frac{S(\Phi x \Phi^2 x \Phi^3 x)}{S(x \Phi x \Phi^2 x)} V x \Phi x = m V x \Phi x.$$

12. Exprimer $V x \Phi x$ en fonction de x, Φx, $\Phi^2 x$ et, d'après le résultat, trouver les conditions pour que Φx soit de même direction que x.

13. Connaissant les coefficients de l'équation cubique fondamentale en Φ, trouver ceux des équations cubiques fondamentales en $\Phi^2, \Phi^3, \ldots, \Phi^n$.

14. Démontrer les relations

$$\Phi(V_A \Phi'_A) - m V_A \Phi'^{-1}{}_A = 0,$$
$$(\Phi + m_2) V_A \Phi'_A = V_A \Phi'^2{}_A.$$

15. Démontrer que les équations cubiques fondamentales en $\Phi\Psi$ et en $\Psi\Phi$ sont les mêmes.

16. Trouver les fonctions linéaires inconnues Φ et Φ_1 d'après les relations $\Phi + \Phi_1 = \psi$, $\Phi\Phi_1 = \chi$.

17. Montrer que la valeur de

$$\mathfrak{V}\left(\Phi_A \Psi_A + \Phi_B \Psi_B + \Phi_C \Psi_C\right)$$

reste constante, quel que soit le système des vecteurs unitaires orthogonaux A, B, C.

18. La fonction Φ est conjuguée à elle-même et x, y sont deux vecteurs quelconques. Démontrer que les deux équations suivantes sont des conséquences l'une de l'autre :

$$\frac{x}{\left(\mathfrak{S} x\,\Phi x\,\Phi^2 x\right)^{\frac{1}{3}}} = \frac{\mathfrak{V}_Y\,\Phi_Y}{\left(\mathfrak{S}_Y\,\Phi_Y\,\Phi^2_Y\right)^{\frac{2}{3}}},$$

$$\frac{Y}{\left(\mathfrak{S}_Y\,\Phi_Y\,\Phi^2_Y\right)^{\frac{1}{3}}} = \frac{\mathfrak{V} x\,\Phi x}{\left(\mathfrak{S} x\,\Phi x\,\Phi^2 x\right)^{\frac{2}{3}}}.$$

De l'une comme de l'autre on tire

$$\left(\mathfrak{S}\,\Phi x\,\Phi_Y\right)^3 = \mathfrak{S} x\,\Phi x\,\Phi^2 x \cdot \mathfrak{S}_Y\,\Phi_Y\,\Phi^2_Y.$$

19. Soient

$$x = x_1 i_1 + x_2 i_2 + x_3 i_3$$

et

$$\Phi x = a_1 i_1\, \mathfrak{S} i_1 x + a_2 i_2\, \mathfrak{S} i_2 x + a_3 i_3\, \mathfrak{S} i_3 x.$$

On propose d'écrire sous la forme cartésienne les équations suivantes :

$$\mathfrak{T}\Phi x = 1, \quad \mathfrak{S} x\,\Phi^2 x = -1, \quad \mathfrak{S} x\left(\Phi^2 - x^2\right)^{-1} x = -1,$$
$$\mathfrak{T} x = \mathfrak{T}\Phi\,\mathfrak{U} x.$$

20. Résoudre les équations simultanées

$$\mathfrak{S}_{Ax} = 0, \quad \mathfrak{S}_{Ax}\Phi x = 0.$$

21. Résoudre les équations simultanées

$$\mathfrak{S}_{Ax} = 0, \quad \mathfrak{S} x\,\Phi x = 0.$$

22. Montrer que pour toute fonction vectorielle linéaire conjuguée à elle-même Φ on peut écrire

$$\Phi + z = a(\psi + x)^2 + b(\psi + x)(\chi + y) + c(\chi + y)^2,$$

a, b, c, x, y, z étant des nombres réels, et ψ, χ deux fonctions vectorielles données. **Discuter** ce résultat.

CHAPITRE XI.

LES SURFACES DU SECOND ORDRE.

Équation générale des surfaces du second ordre.

133. Écrivons sous la forme cartésienne l'équation générale des surfaces du second ordre

$$(1) \quad \begin{cases} a_1 x_1^2 + a_2 x_2^2 + a_3 x_3^2 + b_1 x_2 x_3 + b_2 x_3 x_1 + b_3 x_1 x_2 \\ \qquad + c_1 x_1 + c_2 x_2 + c_3 x_3 + f = 0. \end{cases}$$

Soient x le vecteur d'un point quelconque de la surface et A_1, A_2, A_3 des vecteurs unitaires dirigés suivant les axes coordonnés. Nous avons, par la formule (21) du n° **113**,

$$x\, S\, A_1 A_2 A_3 = A_1\, S\, A_2 A_3 x + A_2\, S\, A_3 A_1 x + A_3\, S\, A_1 A_2 x,$$

c'est-à-dire, en posant

$$\frac{V\, A_2 A_3}{S\, A_1 A_2 A_3} = B_1, \quad \frac{V\, A_3 A_1}{S\, A_1 A_2 A_3} = B_2, \quad \frac{V\, A_1 A_2}{S\, A_1 A_2 A_3} = B_3,$$

$$(2) \quad x = A_1\, S\, B_1 x + A_2\, S\, B_2 x + A_3\, S\, B_3 x.$$

Donc

$$x_1 = S\, B_1 x, \quad x_2 = S\, B_2 x, \quad x_3 = S\, B_3 x.$$

Si nous remplaçons x_1, x_2, x_3 par ces valeurs dans l'équation (1), nous obtiendrons des termes des formes $(S\, Ax)^2$, $S\, Ax\, S\, Bx$ et $S\, cx$, plus un terme tout connu.

La première de ces formes étant un cas particulier de la seconde, il en résulte que l'équation la plus générale de l'équation des surfaces du second ordre peut s'écrire

$$(3) \qquad \Sigma S_{AX} S_{BX} + S_{CX} = g.$$

Si nous transportons l'origine en R, en remplaçant x par x + r, l'équation deviendra

$$\Sigma S_{AX} S_{BX} + S_X\left[\Sigma\left(A S_{BR} + B S_{AR}\right) + c\right] + \Sigma S_{AR} S_{BR} = g.$$

Si maintenant nous déterminons le vecteur r par l'équation vectorielle du premier degré

$$(4) \qquad \Sigma\left(A S_{BR} + B S_{AR}\right) + c = o,$$

que nous avons appris à résoudre dans le Chapitre précédent, l'équation se réduira à la forme

$$(5) \qquad \Sigma S_{AX} S_{BX} = h,$$

et il est évident que l'origine est un centre, puisque l'équation n'est pas altérée quand on change x en — x.

Dans ce qui va suivre, nous nous restreindrons exclusivement à l'étude des surfaces à centre unique, c'est-à-dire aux cas où l'équation (4) admet une solution et une seule.

Équation d'une surface à centre unique, rapportée à son centre.

134. L'équation (5) du numéro précédent peut s'écrire

$$(1) \qquad S_X \Sigma\left(A S_{BX} + B S_{AX}\right) = 2h$$

ou, en divisant par $2h$, ce qui n'a pour effet que de modifier les modules des vecteurs constants,

$$(2) \qquad S_X \Sigma\left(A S_{BX} + B S_{AX}\right) = 1.$$

Posons

$$(3) \qquad \Phi x = \Sigma(A \, S_{Bx} + B \, S_{Ax}),$$

La fonction Φx rentre évidemment dans la classe des fonctions vectorielles linéaires que nous avons étudiées dans le Chapitre précédent, et elle est conjuguée à elle-même.

L'équation (2), par l'introduction de cette fonction Φ, prendra alors la forme très simple

$$(4) \qquad S_x \Phi x = 1.$$

On remarquera l'identité de forme avec l'équation que nous avons obtenue en étudiant l'ellipse au Chapitre VI. Les fonctions Φ que nous avons rencontrées alors et celle qui figure dans la présente étude ne sont que des particularités de la fonction vectorielle linéaire générale du Chapitre X.

Plan tangent.

135. Prenons un point sur la surface, puis donnons au vecteur de ce point un accroissement quelconque dx.

Nous aurons, en différentiant l'équation de la surface et en tenant compte de ce que la fonction Φ est conjuguée à elle-même,

$$S_{dx} \Phi x + S_x \Phi dx = 2 S_{dx} \Phi x = 0.$$

Donc toutes les tangentes à la surface en X sont situées dans un même plan perpendiculaire à Φx. Si Y est un point quelconque de ce plan, $Y - X = \dfrac{dx}{\varepsilon}$, ε étant un infiniment petit réel. Donc l'équation du plan tangent peut s'écrire

$$S(Y - X) \Phi x = 0,$$

c'est-à-dire, en vertu de l'équation de la surface;

$$(1) \qquad \mathsf{S}\,\mathrm{Y}\,\Phi\,\mathrm{x} = 1$$

ou

$$(2) \qquad \mathsf{S}\,\mathrm{x}\,\Phi\,\mathrm{Y} = 1.$$

Il est évident, d'après cela, que $\Phi\mathrm{x}$ est un vecteur normal en X à la surface.

136. Soit ON une perpendiculaire abaissée du centre sur le plan tangent. Nous avons

$$\mathrm{N} = z\,\Phi\,\mathrm{x},$$

et de plus, puisque N est dans le plan tangent,

$$z\,\mathsf{S}\,\Phi\,\mathrm{x}\,\Phi\,\mathrm{x} = z\,(\Phi\,\mathrm{x})^2 = 1.$$

Donc $z = \dfrac{1}{(\Phi\,\mathrm{x})^2}$, et le module de ON ou de $z\,\Phi\,\mathrm{x}$ est

$$\mathsf{T}\mathrm{N} = \frac{1}{\mathsf{T}\,\Phi\,\mathrm{x}}, \qquad \text{d'où} \quad \mathrm{x} = (\Phi\,\mathrm{x})^{-1}.$$

Ainsi $\Phi\mathrm{x}$ représente un vecteur normal en X; et la longueur de ce vecteur est l'inverse de la distance du plan tangent au centre.

De là encore on peut tirer aisément l'équation de la surface podaire, le centre étant pris pour pôle. Nous avons en effet

$$\Phi\,\mathrm{x} = \mathrm{N}^{-1},$$

d'où, opérant par Φ^{-1},

$$\mathrm{x} = \Phi^{-1}\,\mathrm{N}^{-1}.$$

Substituant dans l'équation de la surface,

$$(3) \qquad \mathsf{S}\,\mathrm{N}^{-1}\,\Phi^{-1}\,\mathrm{N}^{-1} = 1.$$

137. Supposons que des plans tangents passent tous par un point fixe P. Soit x le vecteur d'un quelconque des points de contact. Alors, d'après l'équation (2),

$$(4) \qquad S x \Phi_P = 1,$$

ce qui montre, Φ_P étant un vecteur constant, que tous les points de contact sont situés dans un même plan perpendiculaire à Φ_P, c'est-à-dire parallèle au plan tangent au point de rencontre de OP avec la surface. Ce plan, dont la section avec la surface donne la courbe des contacts, est le plan polaire du point P.

138. Soient maintenant des plans tangents parallèles à une droite donnée A. Le point $x + zA$ doit appartenir au plan tangent, quel que soit z. Donc, si nous prenons l'équation du plan tangent sous la forme (2), nous avons

$$S x \Phi (x + zA) = 1,$$

c'est-à-dire, puisque le point X est sur la surface,

$$(5) \qquad S x \Phi_A = 1.$$

La courbe de contact est donc située dans un plan qui passe par le centre. Ce plan est perpendiculaire à Φ_A.

Si nous avions mené par le centre le vecteur parallèle à A jusqu'à la surface, la normale au point de rencontre eût été parallèle à Φ_A. Donc le plan de contact est parallèle à ce plan tangent.

139. Dans l'hypothèse du n° 137, on peut se proposer de déterminer le cône circonscrit correspondant au point P, c'est-à-dire le lieu des tangentes à la surface issues de ce point.

Le point de contact d'un des plans tangents étant X,

nous aurons, pour le vecteur d'un point quelconque de la tangente,

$$(6) \qquad \gamma = \rho + z(x - \rho).$$

De plus,

$$S\rho\Phi x = 1, \quad S x \Phi \lambda = 1.$$

Si l'on remplace x par sa valeur tirée de (6), puis qu'on élimine z entre les deux équations résultantes, on trouve aisément

$$S\gamma\Phi\gamma . S\rho\Phi\rho - S\gamma\Phi\gamma - S\rho\Phi\rho = (S\gamma\Phi\rho)^2 - 2 S\gamma\Phi\rho$$

ou, en ajoutant 1 de part et d'autre,

$$(7) \qquad (S\gamma\Phi\gamma - 1)(S\rho\Phi\rho - 1) = (S\gamma\Phi\rho - 1)^2.$$

Telle est l'équation du cône circonscrit cherché. Elle se réduirait à

$$S\gamma\Phi\gamma (S\rho\Phi\rho - 1) = (S\gamma\Phi\rho)^2$$

si l'on transportait l'origine au sommet P.

Si dans l'équation (7) on remplace ρ par $z - \lambda$, puis si l'on fait croître z indéfiniment, il vient à la limite

$$(8) \qquad (S\gamma\Phi\gamma - 1) S\lambda\Phi\lambda = (S\gamma\Phi\lambda)^2.$$

C'est l'équation du cylindre circonscrit parallèle à la direction λ.

Plans diamétraux et diamètres.

140. Proposons-nous de chercher le lieu des milieux des cordes parallèles à une direction donnée λ.

Soit z le vecteur de ce point milieu ; les deux extrémités de la corde considérée auront pour vecteurs $z + z\lambda$, $z - z\lambda$. Ces deux points appartenant à la surface, nous aurons

$$\mathfrak{S}(z + z_A)\,\Phi(z + z_A) = 1, \quad \mathfrak{S}(z - z_A)\,\Phi(z - z_A) = 1,$$

et de là, par soustraction,

$$(1) \qquad\qquad \mathfrak{S}z\Phi_A = 0.$$

C'est l'équation d'un plan passant par le centre. Ce plan *diamétral*, correspondant à la direction A, est donc parallèle au plan tangent à l'extrémité du diamètre parallèle à A.

141. Soient BOC ce plan, B et C des points appartenant à la courbe d'intersection avec la surface. On a, en vertu de l'équation (1), quel que soit B,

$$(2) \qquad\qquad \mathfrak{S}_B\Phi_A = 0, \quad \text{d'où} \quad \mathfrak{S}_A\Phi_B = 0.$$

Donc, A représentant le point de rencontre de la direction A avec la surface, le plan diamétral correspondant à la direction OB passe par A.

Si nous supposons maintenant que ce dernier plan soit AOC, nous avons

$$\mathfrak{S}_C\Phi_B = 0 \quad \text{ou} \quad \mathfrak{S}_B\Phi_C = 0;$$

mais, puisque les relations (2) sont indépendantes du point B de la section BOC, on a déjà

$$\mathfrak{S}_A\Phi_C = 0.$$

Par conséquent, le plan diamétral correspondant à la direction C n'est autre que AOB.

Nous avons ainsi trois demi-diamètres OA, OB, OC tels, que les cordes parallèles à chacun d'eux sont divisées en parties égales par le plan des deux autres. C'est ce qu'on appelle un système de *demi-diamètres conjugués;*

les trois plans qu'ils forment sont des *plans diamétraux conjugués.*

Il est à remarquer qu'ici, dans notre manière de parler, nous raisonnons implicitement sur un ellipsoïde, lorsque nous supposons que les points A, B, C sont réels; mais il est aisé de se convaincre, en y regardant d'un peu près, que cela n'altère pas la généralité des résultats, qui peuvent être étendus aux autres surfaces à centre unique.

142. En résumé, entre trois directions conjuguées A, B, C, nous avons les relations

$$(3) \qquad S_{A \Phi B} = S_{B \Phi A} = S_{B \Phi C} = S_{C \Phi B} = S_{C \Phi A} = S_{A \Phi C} = 0.$$

Le vecteur C est donc perpendiculaire à la fois à ΦA et ΦB, et, par suite, il est de la forme $w \, U \Phi A \Phi B$; de même, ΦC est perpendiculaire à A et B et égal à $w' \, U_{AB}$. Ainsi,

$$(4) \qquad A = u \, U \Phi B \Phi C, \qquad B = v \, U \Phi C \Phi A, \qquad C = w \, U \Phi A \Phi B,$$

$$(5) \qquad \Phi A = u' \, U_{BC}, \qquad \Phi B = v' \, U_{CA}, \qquad \Phi C = w' \, U_{AB}.$$

Il y a lieu de remarquer aussi la relation

$$(6) \qquad w' \, \Phi^{-1} U_{AB} = w \, U \Phi A \Phi B,$$

dont on saisira toute l'analogie, nous pourrions dire l'identité, avec les considérations présentées au n° 126.

Nouvelle forme de l'équation de l'ellipsoïde.

143. Soit que nous écrivions $\Phi x = - \Psi^2 x$, ou symboliquement

$$(1) \qquad \Psi = \sqrt{-\Phi},$$

l'équation générale des surfaces à centre du second

ordre deviendra alors

$$\mathbf{S}\mathbf{x}\Psi^2\mathbf{x} = -1,$$

ou, $\Psi\mathbf{x}$ étant, comme $\Phi\mathbf{x}$, conjuguée à elle-même,

$$\mathbf{S}\Psi\mathbf{x}\Psi\mathbf{x} = (\Psi\mathbf{x})^2 = -1,$$

ou enfin

$$(2) \qquad\qquad \mathfrak{T}\Psi\mathbf{x} = 1,$$

nouvelle forme de l'équation que nous appliquons désormais à l'ellipsoïde seul.

En écrivant

$$(3) \qquad\qquad s = \Psi\mathbf{x},$$

nous voyons que le lieu du point s, donné par

$$(4) \qquad\qquad \mathfrak{T}s = 1,$$

est une sphère de rayon égal à l'unité.

Ainsi, par la déformation que représente l'opération Ψ, l'ellipsoïde peut se transformer en une sphère. Il est clair que, réciproquement, la sphère se transforme en un ellipsoïde au moyen de l'opération inverse

$$(5) \qquad\qquad \mathbf{x} = \Psi^{-1}s.$$

Les équations (3) du n° 142 deviennent alors

$$\mathbf{S}_A\Psi^2{}_B = \mathbf{S}\Psi_A\Psi_B = 0, \quad \ldots,$$

de sorte que, si P, Q, R sont les rayons de la sphère correspondant à A, B, C, il vient

$$\mathbf{S}_{PQ} = \mathbf{S}_{QR} = \mathbf{S}_{RP} = 0.$$

Les rayons correspondant à un système de demi-diamètres conjugués forment donc un système orthogonal, et réciproquement.

144. Pour prendre dès maintenant une idée précise des relations entre les fonctions Φ et Ψ, rapportons le vecteur $\mathbf{x}$ aux trois directions orthogonales $\mathbf{I}_1, \mathbf{I}_2, \mathbf{I}_3$ que nous supposerons dirigées suivant les axes de l'ellipsoïde. Nous aurons

$$(6) \qquad \mathbf{x} = x_1 \mathbf{I}_1 + x_2 \mathbf{I}_2 + x_3 \mathbf{I}_3 = - (\mathbf{I}_1 \, S \, \mathbf{I}_1 \mathbf{x} + \mathbf{I}_2 \, S \, \mathbf{I}_2 \mathbf{x} + \mathbf{I}_3 \, S \, \mathbf{I}_3 \mathbf{x}).$$

La fonction $\Phi\mathbf{x}$ prendra alors la forme

$$(7) \qquad \Phi\mathbf{x} = \frac{\mathbf{I}_1 \, S \, \mathbf{I}_1 \mathbf{x}}{a_1^2} + \frac{\mathbf{I}_2 \, S \, \mathbf{I}_2 \mathbf{x}}{a_2^2} + \frac{\mathbf{I}_3 \, S \, \mathbf{I}_3 \mathbf{x}}{a_3^2},$$

ce qui donne pour l'équation de l'ellipsoïde $S\mathbf{x}\Phi\mathbf{x} = 1$ la relation bien connue

$$(8) \qquad \frac{x_1^2}{a_1^2} + \frac{x_2^2}{a_2^2} + \frac{x_3^2}{a_3^2} = 1.$$

Puisque $\Phi\mathbf{x} = - \Psi\Psi\mathbf{x}$, l'opération Ψ doit être telle qu'en la répétant deux fois et changeant le signe on obtienne le même résultat que par l'application de l'opération Φ. Cela nous donne

$$(9) \qquad \Psi\mathbf{x} = - \left(\frac{\mathbf{I}_1 \, S \, \mathbf{I}_1 \mathbf{x}}{a_1} + \frac{\mathbf{I}_2 \, S \, \mathbf{I}_2 \mathbf{x}}{a_2} + \frac{\mathbf{I}_3 \, S \, \mathbf{I}_3 \mathbf{x}}{a_3} \right),$$

comme il est aisé de le vérifier par un calcul très simple.

Donnons encore les relations suivantes, que le lecteur vérifiera non moins facilement :

$$(10) \qquad \Phi^2 \mathbf{x} = - \left(\frac{\mathbf{I}_1 \, S \, \mathbf{I}_1 \mathbf{x}}{a_1^4} + \frac{\mathbf{I}_2 \, S \, \mathbf{I}_2 \mathbf{x}}{a_2^4} + \frac{\mathbf{I}_3 \, S \, \mathbf{I}_3 \mathbf{x}}{a_3^4} \right),$$

$$(11) \qquad \Phi^{-1} \mathbf{x} = a_1^2 \mathbf{I}_1 \, S \, \mathbf{I}_1 \mathbf{x} + a_2^2 \mathbf{I}_2 \, S \, \mathbf{I}_2 \mathbf{x} + a_3^2 \mathbf{I}_3 \, S \, \mathbf{I}_3 \mathbf{x},$$

$$(12) \qquad \Psi^{-1} \mathbf{x} = - (a_1 \mathbf{I}_1 \, S \, \mathbf{I}_1 \mathbf{x} + a_2 \mathbf{I}_2 \, S \, \mathbf{I}_2 \mathbf{x} + a_3 \mathbf{I}_3 \, S \, \mathbf{I}_3 \mathbf{x}),$$

$$(13) \qquad \begin{cases} \mathbf{x} = \Psi^{-1} \Psi \mathbf{x} \\ \quad = - (a_1 \mathbf{I}_1 \, S \, \mathbf{I}_1 \Psi\mathbf{x} + a_2 \mathbf{I}_2 \, S \, \mathbf{I}_2 \Psi\mathbf{x} + a_3 \mathbf{I}_3 \, S \, \mathbf{I}_3 \Psi\mathbf{x}). \end{cases}$$

Ces fonctions sont évidemment toutes vectorielles et linéaires, et elles jouissent les unes et les autres des propriétés fondamentales que nous avons étudiées.

On voit pourquoi nous avons dû raisonner sur l'ellipsoïde pour conserver leur réalité aux trois valeurs a_1, a_2, a_3 et de quelle manière il serait possible de passer de là aux deux hyperboloïdes.

Axes de l'ellipsoïde.

145. La fonction Φx, comme nous l'avons vu, représente la normale en X à la surface. Si donc nous nous proposons de trouver les points de la surface en lesquels la normale passe par le centre, il faudra obtenir les directions non altérées par l'opération Φ, c'est-à-dire les directions principales (**128**) de cette fonction Φ.

Elles sont évidemment les mêmes que celles de l'opération $\Psi = \sqrt{-\Phi}$, car, si $\Phi x_1 = -z_1^2 x_1$, on aura nécessairement

$$\Psi x = z_1 x_1.$$

Ces directions principales sont celles des axes de la surface, et elles sont orthogonales, les fonctions étant conjuguées à elles-mêmes.

Dans la transformation de la sphère en ellipsoïde (**143**), les directions des axes sont celles des rayons de la sphère que la transformation laisse invariables.

146. L'équation en s correspondant à la fonction Φ est

$$s^3 - m_2 s^2 + m_1 s - m = 0;$$

nous aurons, par conséquent, pour la direction de l'axe x_1 correspondant à la racine s_1,

$$(1) \qquad\qquad \Phi x_1 = s_1 x_1,$$

d'où

$$(2) \qquad 1 = \mathfrak{S}\,x_1\,\Phi\,x_1 = s_1\,x_1^2 = -\,s_1\,a_1^2,$$

si nous appelons a_1 la longueur du demi-axe suivant x_1.

Mais de la formule (1) nous tirons

$$(3) \qquad \Phi^{-1}x_1 = \frac{1}{s_1}\,x_1.$$

Si donc nous cherchons la longueur b_1 du demi-axe de l'ellipsoïde

$$(4) \qquad \mathfrak{S}\,x\,\Phi^{-1}x = 1,$$

dirigé suivant x_1, il viendra

$$1 = \mathfrak{S}\,x_1\,\Phi^{-1}x_1 = \frac{1}{s_1}\,x_1^2 = -\,\frac{1}{s_1}\,b_1^2,$$

$$(5) \qquad s_1 = -\,b_1^2.$$

Ainsi les trois racines de l'équation en s représentent, en signe contraire, les carrés des demi-axes de l'ellipsoïde (4).

Si nous augmentons les trois racines de la même quantité h, les différences des carrés des axes de l'ellipsoïde (4) ne seront pas altérées. Or l'équation en s s'obtiendra en transformant s en $s + h$, ce qui revient, dans l'équation cubique symbolique, à transformer Φ en $\Phi + h$, et, par conséquent, Φ^{-1} devient

$$(\Phi + h)^{-1}.$$

Il suit de là que l'équation

$$(6) \qquad \mathfrak{S}\,x\,(\Phi + h)^{-1}x = 1$$

représente toutes les surfaces homofocales de l'ellipsoïde (4) lorsqu'on y fait varier le paramètre h.

147. On peut déduire de là que deux surfaces homo-focales du second ordre se coupent orthogonalement. Soit en effet une autre surface homofocale à (6) :

$$(7) \qquad S x (\Phi + h')^{-1} x = 1.$$

Si x est un point commun aux deux surfaces, les normales en ce point ont respectivement pour directions

$$N = (\Phi + h)^{-1} x \quad \text{et} \quad N' = (\Phi + h')^{-1} x.$$

De là

$$S N N' = S x (\Phi + h)^{-1} (\Phi + h')^{-1} x,$$

les fonctions $(\Phi + h)^{-1}$, $(\Phi + h')^{-1}$ étant conjuguées à elles-mêmes.

Or on a l'identité symbolique

$$(\Phi + h)^{-1} (\Phi + h')^{-1} = \frac{1}{h - h'} \left[(\Phi + h')^{-1} - (\Phi + h)^{-1} \right].$$

Par conséquent, à cause des équations (6) et (7), il viendra

$$(8) \qquad S N N' = \frac{1}{h - h'} S x \left[(\Phi + h')^{-1} - (\Phi + h)^{-1} \right] x = 0,$$

à moins que $h = h'$.

Donc, si les deux surfaces homofocales ne coïncident pas, elles se coupent orthogonalement.

Sections planes.

148. Soit un plan passant par le centre de la surface et perpendiculaire au vecteur A. La courbe d'intersection sera déterminée par le système des deux équations

$$(1) \qquad S x \Phi x = 1, \quad S A x = 0.$$

Si l'on veut en trouver les axes, il faut chercher les

directions qui rendent $\mathfrak{T}x$ maximum ou minimum, c'est-à-dire qui donnent $d\mathfrak{T}x = 0$ ou

$$(2) \qquad S\,x\,dx = 0.$$

Or, en différentiant les équations (1), nous avons

$$(3) \qquad S\,\phi x\,dx = 0, \quad S\,\mathrm{A}\,dx = 0;$$

dx doit donc être normal à la fois à A, à ϕx et à x; donc ces trois directions sont coplanaires, ce qui donne

$$(4) \qquad S\,\mathrm{A}x\,\phi x = 0.$$

Il est d'ailleurs visible que $\mathrm{A}x$ est un vecteur.

Il resterait à résoudre le système des équations (1) et (4).

La seconde équation (1) peut s'écrire

$$S\,\mathrm{A}\,\phi^{-1}\phi x = 0 \quad \text{ou} \quad S\,\phi x\,\phi^{-1}\mathrm{A} = 0.$$

Ainsi ϕx est perpendiculaire à $\phi^{-1}\mathrm{A}$ et à $\mathrm{A}x$.

Donc ϕx est de la forme

$$\phi x = z\,\mathrm{U}\left(\phi^{-1}\mathrm{A}\,.\,\mathrm{A}x\right).$$

Opérant par $S\,.\,x\times$, on trouve

$$1 = zx^2\,S\,\mathrm{A}\,\phi^{-1}\mathrm{A};$$

de là

$$x^2\,\phi x = x - \mathrm{A}\,\frac{S\,x\,\phi^{-1}\mathrm{A}}{S\,\mathrm{A}\,\phi^{-1}\mathrm{A}},$$

$$x = \frac{S\,x\,\phi^{-1}\mathrm{A}}{S\,\mathrm{A}\,\phi^{-1}\mathrm{A}}\,(1 - x^2\,\phi)^{-1}\mathrm{A},$$

et enfin

$$(5) \qquad S\,\mathrm{A}(1 - x^2\,\phi)^{-1}\mathrm{A} = 0.$$

Cette équation peut encore s'écrire

$$\mathfrak{S}_A \left(\Phi - \frac{1}{x^2} \right)^{-1} A = 0.$$

Or, d'après les formules (12) et (15) du n° **126**, nous avons, en remplaçant dans la première de ces formules g par $-\dfrac{1}{x^2}$,

$$m_g \left(\Phi - \frac{1}{x^2} \right)^{-1} = m\, \Phi^{-1} - \frac{1}{x^2}(m_2 - \Phi) + \frac{1}{x^4},$$

en sorte que l'équation devient, sous forme ordinaire,

$$(6) \qquad m\, x^4\, \mathfrak{S}_A\, \Phi^{-1} A - x^2\, \mathfrak{S}_A (m_2 - \Phi) A + A^2 = 0.$$

En la résolvant par rapport à x^2, on obtient les carrés des demi-axes de la section. Le produit des racines est

$$x_1^2\, x_2^2 = \frac{A^2}{m\, \mathfrak{S}_A\, \Phi^{-1} A},$$

et par conséquent l'aire de la section, lorsqu'elle est elliptique, a pour valeur

$$\frac{\pi\, \mathfrak{C}_A}{\sqrt{-m\, \mathfrak{S}_A\, \Phi^{-1} A}}.$$

Si les deux racines x_1^2, x_2^2 sont égales, la section est circulaire.

149. Nous avons vu au n° **132** que la fonction Φx peut se mettre sous la forme

$$\Phi x = l x + m\, \mathfrak{V}\, (\iota_1 + n \iota_3)\, x\, (\iota_1 - n \iota_3),$$

ou, si nous désignons par P, Q les vecteurs $\dfrac{\iota_1 + n \iota_3}{\sqrt{m}}$,

$$\frac{\iota_1 - \prime\prime \iota_3}{\sqrt{m}},$$

$$\phi x = l x + \mathcal{U} pxq.$$

L'équation de toute surface du second ordre à centre unique peut donc s'écrire

$$(7) \qquad l x^2 + S\,pxqx = 1,$$

ou encore (114)

$$(8) \qquad 2\,S\,px\,S\,qx + (l - S\,pq)\,x^2 = 1.$$

Il est évident sous cette forme que les directions p et q sont perpendiculaires aux sections circulaires, car, si nous coupons la surface, par exemple, par le plan $S\,px = 0$, il nous reste

$$(l - S\,pq)\,x^2 = 1,$$

équation d'une sphère qui a même centre que la surface.

Génératrices rectilignes.

150. Soit toujours $S\,x\phi x = 1$ l'équation de la surface. Si A est un point de la surface et qu'il y ait, passant par ce point, une génératrice rectiligne parallèle à B, l'équation doit être satisfaite pour tout vecteur $A + zB$, quel que soit z.

Cela nous donne

$$S\,A\phi A + 2z\,S\,A\phi B + z^2\,S\,B\phi B = 1,$$

c'est-à-dire

$$(1) \qquad S\,A\phi B = 0, \quad S\,B\phi B = 0.$$

La première de ces équations est celle du plan diamétral conjugué à la direction A, la seconde celle du cône asymptotique. L'intersection de ce cône par ce plan diamétral donne donc les directions des génératrices rectilignes passant en A.

Les équations (1) nous donnent

$$y\,\Phi_B = \mho_{AB}.$$

Opérant par S_P, puis par S_Q, P et Q étant deux vecteurs quelconques non coplanaires avec A,

$$(2)\qquad S_B\left(y\,\Phi_P + \mho_{AP}\right) = 0, \quad S_B\left(y\,\Phi_Q + \mho_{AQ}\right) = 0.$$

De là

$$S\,\Phi_A\left(y\,\Phi_P + \mho_{AP}\right)\left(y\,\Phi_Q + \mho_{AQ}\right) = 0,$$

ou

$$m\,y^2\,S_{APQ} + y\,S\,\Phi_A\left(\Phi_P\,\mho_{AQ} + \mho_{AP}\,\Phi_Q\right) - S_A\Phi_A\,S_{APQ} = 0.$$

Or

$$\mho\left(\Phi_P.\mho_{AQ}\right) = Q\,S\left(\Phi_P.A\right) - A\,S\left(\Phi_P.Q\right),$$
$$\mho\left(\mho_{AP}.\Phi_Q\right) = -P\,S\left(\Phi_Q.A\right) + A\,S\left(\Phi_Q.P\right),$$

et la somme de ces deux expressions est

$$Q\,S\left(\Phi_P.A\right) - P\,S\left(\Phi_Q.A\right) = Q\,S_P\Phi_A - P\,S_Q\Phi_A = \mho\left(\Phi_A\mho_{PQ}\right).$$

Donc le coefficient du terme en y se réduit à

$$S\,\Phi_A\Phi_A\mho_{PQ} = 0,$$

et l'équation devient

$$m\,y^2 = S_A\Phi_A,$$

d'où

$$y = \sqrt{\frac{S_A\Phi_A}{m}} = \sqrt{\frac{1}{m}}.$$

Mais, d'après les équations (2), nous avons

$$u_B = \mho\left(y\,\Phi_P + \mho_{AP}\right)\left(y\,\Phi_Q + \mho_{AQ}\right)$$

ou, par des transformations analogues aux précédentes.

$$u\mathbf{B} = my^{2}\Phi^{-1}\mathbf{V}_{PQ} + y\,\mathbf{V}.\Phi\mathbf{A}\mathbf{V}_{PQ} - \mathbf{A}\,\mathbf{S}.\mathbf{A}\mathbf{V}_{PQ},$$

équation qui, selon le signe de y, donnera l'une ou l'autre des deux génératrices ; my^{2} est d'ailleurs toujours égal à 1.

$\mathbf{V}_{PQ}$ est un vecteur quelconque, non perpendiculaire à $\mathbf{A}$. Désignons-le par $\mathbf{T}$, et il viendra

$$u\mathbf{B} = \Phi^{-1}\mathbf{T} - \mathbf{A}\,\mathbf{S}_{\mathbf{A}\mathbf{T}} \pm \sqrt{\frac{1}{m}}\,\mathbf{V}(\Phi\mathbf{A}.\mathbf{T})$$

$$= \mathbf{V}(\Phi\mathbf{A}.\mathbf{V}_{\mathbf{A}}\Phi^{-1}\mathbf{T}) \pm \sqrt{\frac{1}{m}}\,\mathbf{V}(\Phi\mathbf{A}.\mathbf{T}).$$

Cela peut s'écrire encore

$$u\mathbf{B} = \Phi^{-1}\mathbf{V}(\mathbf{A}\mathbf{V}\Phi\mathbf{A}.\mathbf{T}) \pm \sqrt{\frac{1}{m}}\,\mathbf{V}\Phi\mathbf{A}\mathbf{T},$$

c'est-à-dire, en posant $\mathbf{V}\Phi\mathbf{A}\mathbf{T} = \mathbf{K}$,

$$u\mathbf{B} = \Phi^{-1}\mathbf{V}_{\mathbf{A}\mathbf{K}} \pm \sqrt{\frac{1}{m}}\,\mathbf{K}.$$

Chacun de ces systèmes de valeurs de u et de y donne un des systèmes de génératrices rectilignes.

EXERCICES.

80. *Trouver sur un ellipsoïde un point tel que le plan tangent en ce point détache sur les trois axes des segments égaux à partir du centre.*

Prenons les trois directions $\mathbf{I}_1$, $\mathbf{I}_2$, $\mathbf{I}_3$ suivant les axes, et soit p le segment détaché. L'équation du plan tangent, si $\mathbf{x}$ est le point de contact, peut s'écrire

$$\mathfrak{S}\,\Upsilon\,\Phi\,\mathrm{x} = \mathrm{I}.$$

Elle doit être vérifiée pour $\Upsilon = p\,\mathrm{I}_1,\ p\,\mathrm{I}_2,\ p\,\mathrm{I}_3$. Donc

$$p\,\mathfrak{S}\,\mathrm{I}_1\,\Phi\,\mathrm{x} = \mathrm{I},$$

ou, en coordonnées cartésiennes,

$$\frac{x_1}{a_1^2} = \frac{\mathrm{I}}{p}\,.$$

De même,

$$\frac{x_1}{a_1^2} = \frac{x_2}{a_2^2} = \frac{x_3}{a_3^2} = \frac{\mathrm{I}}{p} = \frac{\mathrm{I}}{\sqrt{a_1^2 + a_2^2 + a_3^2}}\,.$$

81. *Trouver la distance du centre de l'ellipsoïde à un plan tangent.*

x étant le point de contact, le carré de cette distance sera donné par

$$k^2 = \mathfrak{T}\left(\frac{\mathrm{I}}{\Phi\,\mathrm{x}}\right)^2,$$

d'où

$$\frac{\mathrm{I}}{k^2} = -\,(\Phi\,\mathrm{x})^2 = \frac{x_1^2}{a_1^4} + \frac{x_2^2}{a_2^4} + \frac{x_3^2}{a_3^4}\,.$$

82. *Lieu des points de contact des plans tangents faisant un angle donné avec l'un des axes.*

Soit I_3 la direction de l'axe considéré. Alors la quantité $\mathfrak{S}\,\mathrm{I}_3\,\mathfrak{U}\,\Phi\,\mathrm{x} = c$ est constante. De là

$$\mathfrak{S}\,\mathrm{I}_3\,\Phi\,\mathrm{x} = c\,\mathfrak{T}\,\Phi\,\mathrm{x},$$

équation d'un cône qui peut s'écrire, en coordonnées cartésiennes,

$$\frac{x_3^2}{a_3^4} = c^2\left(\frac{x_1^2}{a_1^4} + \frac{x_2^2}{a_2^4} + \frac{x_3^2}{a_3^4}\right).$$

Ce cône a pour axe $_{13}$, pour directrice une ellipse de demi-axes a_1 et a_2, et son intersection avec l'ellipsoïde donne le lieu demandé.

83. *Lieu d'un point tel que la distance du centre à son plan polaire soit constante.*

Soit τ le point considéré; l'équation de son plan polaire est

$$S x \Phi \tau = 1.$$

La distance du centre à ce plan est $\mathfrak{T} \dfrac{1}{\Phi \tau}$. L'équation du lieu cherché est donc

$$\mathfrak{T} \Phi \tau = \text{const.}$$

ou

$$(\Phi \tau)^2 = S(\Phi \tau \Phi \tau) = S \tau \Phi^2 \tau = \text{const.}$$

C'est l'équation d'un ellipsoïde concentrique au premier; on peut l'écrire sous forme cartésienne

$$\frac{x_1^2}{a_1^4} + \frac{x_2^2}{a_2^4} + \frac{x_3^2}{a_3^4} = \text{const.}$$

84. *Si par un point pris à l'intérieur d'un ellipsoïde on mène trois cordes rectangulaires, la somme des inverses des produits de leurs segments sera constante.*

Soient $\mathbf{M}$ le vecteur du point donné, $\mathbf{A, B, C}$ des vecteurs unitaires suivant les trois cordes. Nous devons avoir

$$S(\mathbf{M} + x\mathbf{A}) \Phi (\mathbf{M} + x\mathbf{A}) = 1.$$

Le produit des racines de cette équation du second degré en x est

$$\frac{S \mathbf{M} \Phi \mathbf{M} - 1}{S \mathbf{A} \Phi \mathbf{A}}.$$

L'inverse de ce produit est donc

$$\frac{1}{S \mathbf{M} \Phi \mathbf{M} - 1} S \mathbf{A} \Phi \mathbf{A},$$

et la somme des inverses sera

$$\frac{1}{S_M \Phi_M - 1}\left(S_A \Phi_A + S_B \Phi_B + S_C \Phi_C \right).$$

La quantité entre parenthèses est constante, car soit un autre système orthogonal unitaire A', B', C', et

$$A' = \alpha\, A + \beta\, B + \gamma\, C,$$
$$B' = \alpha_1 A + \beta_1 B + \gamma_1 C,$$
$$C' = \alpha_2 A + \beta_2 B + \gamma_2 C.$$

Alors

$$S_{A'} \Phi_{A'} = \alpha^2 S_A \Phi_A + \beta^2 S_B \Phi_B + \gamma^2 S_C \Phi_C,$$

et l'on a deux valeurs pareilles pour $S_{B'} \Phi_{B'}$, $S_{C'} \Phi_{C'}$, ce qui permet de vérifier par addition la propriété annoncée, car $\alpha^2 + \alpha_1^2 + \alpha_2^2 = 1$, tous les vecteurs considérés étant unitaires.

Corollaire. — La propriété subsiste non seulement lorsque le point M est fixe, mais même lorsque $S_M \Phi_M - 1$ reste constant, c'est-à-dire lorsque le point M se meut sur un ellipsoïde semblable au premier.

85. *Lieu du sommet d'un trièdre trirectangle dont les trois arétes sont tangentes à l'ellipsoïde.*

Soient z le vecteur du sommet, A un vecteur unitaire suivant la direction d'une des tangentes et $z + x_A$ le vecteur du point de contact.

On a

$$S\left(z + x_A \right) \Phi\left(z + x_A \right) = 1,$$

et, pour que les deux valeurs de x coïncident, il faut

$$\left(S_z \Phi_A \right)^2 = S_A \Phi_A \left(S_z \Phi_z - 1 \right).$$

On a deux autres équations pareilles en B, C; les ajoutant toutes trois, en tenant compte de ce que A, B, C sont rectangulaires et des résultats de l'exercice précédent, on obtient

$$(-\Phi z)^2 = k\left(Sz\Phi z - 1\right)$$

ou

$$Sz\left(\Phi^2 + k\Phi\right)z = k,$$

ce qui représente un ellipsoïde concentrique à l'ellipsoïde proposé.

86. *D'un point donné sur la surface d'un ellipsoïde on mène trois vecteurs rectangulaires jusqu'à la rencontre de la surface. Le plan des trois points de rencontre passe par un point fixe. Lieu de ce point.*

Soient x le point donné; a, b, c trois directions unitaires rectangulaires. Alors

$$Sx\Phi x = 1, \qquad S\left(x + t a\right)\Phi\left(x + t a\right) = 1,$$

d'où

$$t = -\frac{2\,Sa\Phi x}{Sa\Phi a}.$$

Les vecteurs des points de rencontre sont donc $x - 2a\dfrac{Sa\Phi x}{Sa\Phi a}$

et deux autres de forme pareille.

En formant l'équation du plan passant par ces trois points, on s'assure aisément qu'elle est vérifiée par le vecteur

$$y = x - 2\frac{a\,Sa\Phi x + b\,Sb\Phi x + c\,Sc\Phi x}{Sa\Phi a + Sb\Phi b + Sc\Phi c} = x + \frac{2}{m_2}\Phi x.$$

De là

$$x = \frac{m_2}{2}\left(\Phi + \frac{m_2}{2}\right)^{-1} y,$$

et, en substituant dans l'équation $Sx\Phi x = 1$,

$$S\left[\left(\Phi + \frac{m_2}{2}\right)^{-1} y\,\Phi\left(\Phi + \frac{m_2}{2}\right)^{-1} y\right] = 0.$$

C'est l'équation du lieu cherché, ellipsoïde concentrique au proposé.

87. (α), (β), (γ) *sont trois ellipsoïdes homothétiques deux à deux; (α) et (β) sont concentriques; (γ) a son centre sur la surface de (β). Les ellipsoïdes (α) et (γ) se couperont suivant une courbe plane dont le plan est parallèle au plan tangent à (β) mené par le centre de (γ).*

Écrivons les équations des ellipsoïdes :

$$(\alpha) \qquad S\,x\,\Phi\,x = a,$$

$$(\beta) \qquad S\,x\,\Phi\,x = b,$$

$$(\gamma) \qquad S(x - a)\Phi(x - a) = c.$$

On a

$$S\,a\,\Phi\,a = b.$$

Retranchant (γ) de (α), il vient

$$2\,S\,x\,\Phi\,a = b + a - c,$$

équation d'un plan normal à la direction Φa, qui est précisément celle de la normale à (β) en a. Donc, etc.

88. *Deux ellipsoïdes semblables et semblablement placés sont coupés par un ellipsoïde variable, semblable aux deux premiers et semblablement placé, de telle sorte que les plans d'intersection soient à angle droit. On demande le lieu du centre de l'ellipsoïde variable.*

Soient

$$S\,x\,\Phi\,x = 1, \qquad S(x - a)\Phi(x - a) = k$$

les équations des deux ellipsoïdes donnés,

$$S(x - z)\Phi(x - z) = z$$

celle de l'ellipsoïde sécant. Par soustraction, nous aurons les deux plans d'intersection :

$$2\,\mathfrak{S}\,x\,\Phi z = \mathfrak{S}z\Phi z + 1 - z,$$

$$2\,\mathfrak{S}\,x\,\Phi\left(z - \mathrm{A}\right) = \mathfrak{S}z\Phi z - \mathfrak{S}\mathrm{A}\Phi\mathrm{A} - z + k.$$

Le premier est normal à Φz, l'autre à $\Phi\left(z - \mathrm{A}\right)$. Pour que ces plans soient perpendiculaires entre eux, il faut donc

$$\mathfrak{S}\,\Phi z\,\Phi\left(z - \mathrm{A}\right) = 0 \quad \text{ou} \quad \mathfrak{S}\left(z - \mathrm{A}\right)\Phi^2 z = 0.$$

Cette équation représente le lieu du point Z, qui est un ellipsoïde dont l'équation cartésienne serait

$$\frac{x_1^2}{a_1^2} + \frac{x_2^2}{a_2^2} + \frac{x_3^2}{a_3^2} - \left(\frac{x_1 x'_1}{a_1^2} + \frac{x_2 x'_2}{a_2^2} + \frac{x_3 x'_3}{a_3^2}\right) = 0.$$

x'_1, x'_2, x'_3 représentant les coordonnées de A.

Remarque. — Toute équation de la forme

$$\mathfrak{S}\,x\,\Phi\left(x + \mathrm{A}\right) = 0$$

représente une surface du second ordre à centre unique, car on peut l'écrire

$$\mathfrak{S}\left(x + \frac{\mathrm{A}}{2}\right)\Phi\left(x + \frac{\mathrm{A}}{2}\right) = \frac{1}{4}\,\mathfrak{S}\mathrm{A}\Phi\mathrm{A}.$$

89. *Discuter l'équation*

$$\mathrm{X} = t^2\mathrm{A} + u^2\mathrm{B} + \left(t + u\right)^2\mathrm{C}.$$

En rapportant X aux trois directions A, B, C, on aura

$$\mathrm{X} = \frac{x}{a}\mathrm{A} + \frac{y}{b}\mathrm{B} + \frac{z}{c}\mathrm{C},$$

et x, y, z seront les coordonnées de X, généralement obliques. Alors

$$\frac{x}{a} = t^2, \quad \frac{y}{b} = u^2, \quad \frac{z}{c} = \left(t + u\right)^2,$$

$$\left(\frac{z}{c} - \frac{x}{a} - \frac{y}{b}\right)^2 = 4\frac{xy}{ab},$$

équation d'un cône du second ordre.

En faisant $t = -u$, on a

$$\mathbf{x} = t^2(\mathbf{A} + \mathbf{B}),$$

vecteur passant par le milieu de AB. On voit de même que le cône touche les plans BOC, COA suivant des droites qui passent par les milieux de BC, CA.

Si l'on coupe par le plan ABC, on obtiendra donc une ellipse inscrite dans le triangle ABC et tangente aux côtés en leurs milieux.

90. *Dans une surface à centre du second ordre, on mène un système de trois demi-diamètres conjugués. Trouver l'enveloppe du plan qui passe par leurs extrémités.*

Soient $\mathbf{A}$, $\mathbf{B}$, $\mathbf{C}$ les trois demi-diamètres. On a

$$\mathsf{S}\,\mathbf{A}\,\Phi\,\mathbf{A} = \mathsf{S}\,\mathbf{B}\,\Phi\,\mathbf{B} = \mathsf{S}\,\mathbf{C}\,\Phi\,\mathbf{C} = \mathrm{I}, \quad \mathsf{S}\,\mathbf{A}\,\Phi\,\mathbf{B} = \mathsf{S}\,\mathbf{B}\,\Phi\,\mathbf{C} = \mathsf{S}\,\mathbf{C}\,\Phi\,\mathbf{A} = 0.$$

Formons l'équation

$$\mathsf{S}\,\mathbf{Y}\,\Phi\,\mathbf{Y} = \frac{1}{3}$$

d'une surface semblable et concentrique à la proposée.

On vérifie cette équation en y remplaçant $\mathbf{Y}$ par

$$\mathbf{D} = \frac{\mathbf{A} + \mathbf{B} + \mathbf{C}}{3}.$$

De plus, le plan tangent en D a pour équation

$$\mathsf{S}\,\mathbf{z}\,\Phi\,\mathbf{D} = \frac{1}{3};$$

or

$$\mathsf{S}\,\mathbf{A}\,\Phi\,\mathbf{D} = \mathsf{S}\,\mathbf{B}\,\Phi\,\mathbf{D} = \mathsf{S}\,\mathbf{C}\,\Phi\,\mathbf{D} = \frac{1}{3}.$$

Le plan tangent passe donc en A,B,C.

Par conséquent, l'enveloppe demandée du plan ABC n'est autre que la surface homothétique à la proposée dont nous avons écrit l'équation.

Le point de contact avec l'enveloppe est précisément le point D, centre de gravité du triangle ABC.

EXERCICES PROPOSÉS SUR LE CHAPITRE XI.

1. La somme des carrés de trois diamètres conjugués d'un ellipsoïde est constante.

2. La somme des carrés des distances du centre d'un ellipsoïde à trois plans tangents rectangulaires est constante.

3. La somme des carrés des projections de trois diamètres conjugués d'un ellipsoïde sur l'un quelconque des trois axes est égale au carré de cet axe.

4. La somme des inverses des carrés des distances au centre de trois plans tangents menés par les extrémités de diamètres conjugués est constante.

5. Par un point fixe on mène des cordes à un ellipsoïde; par les extrémités de chaque corde, on mène les plans tangents. Démontrer que les intersections des couples de plans tangents sont toutes situées dans un même plan. Donner la direction et l'équation de ce plan.

6. Trouver l'équation de la courbe décrite par un point d'une droite de longueur donnée, dont les extrémités s'appuient sur deux droites données.

7. Deux arêtes d'un trièdre trirectangle sont assujetties à se mouvoir dans deux plans donnés. Former l'équation du cône décrit par la troisième arête.

8. Discuter l'équation

$$X = \alpha A + \beta B + \gamma C,$$

avec la condition $\alpha\beta + \beta\gamma + \gamma\alpha = 0$.

9. Lieu d'un point tel que la somme des carrés de ses distances à un certain nombre de points donnés soit constante.

10. Former l'équation de la surface engendrée par des droites divisant proportionnellement les côtés opposés d'un quadrilatère gauche.

11. Lieu d'un point tel que le rapport de ses distances à deux droites données soit constant.

12. Lieu d'un point tel que le carré de sa distance à une droite donnée soit proportionnel à sa distance à un plan donné.

13. Deux ellipsoïdes homothétiques se coupent suivant une courbe plane dont le plan est conjugué à la direction de la ligne des centres.

14. Sur trois demi-diamètres conjugués A, B, C d'un ellipsoïde, on porte les longueurs $A' = pA$, $B' = pB$, $C' = pC$. Soient (α), (β), (γ) les plans polaires de A', B', C'. Déterminer la somme des carrés des inverses des distances du centre aux plans (α), (β), (γ).

15. Si l'on construit un parallélépipède sur trois demi-diamètres conjugués d'un ellipsoïde, la somme des carrés des aires des faces de ce parallélépipède est constante.

16. Lieu des intersections de trois plans tangents aux extrémités de trois demi-diamètres conjugués d'une surface à centre du second ordre.

17. Exprimer la condition pour que la surface $S x \Phi x = 1$ soit de révolution.

18. Trouver, sur la surface $S x \Phi x = 1$, le lieu des points où les génératrices rectilignes se rencontrent à angle droit.

19. Trouver l'équation de la surface décrite par une droite tournant autour d'un axe qu'elle ne rencontre pas.

20. Par le centre de chaque section plane centrale d'un ellipsoïde, on élève une perpendiculaire sur laquelle on prend des segments égaux aux deux axes de la section. Lieu des extrémités de ces segments.

21. Enveloppe des plans des sections d'aires égales dans un ellipsoïde.

22. Lieu du pied de la perpendiculaire abaissée du centre d'un ellipsoïde sur un plan passant par les extrémités de trois diamètres conjugués.

23. Si quatre surfaces du second ordre sont semblables et semblablement placées, les plans des courbes d'intersection de ces surfaces deux à deux passent tous par un même point.

FIN.

TABLE ANALYTIQUE.

Les numéros indiqués renvoient aux pages du Volume.

5471   Paris. — Imprimerie de GAUTHIER-VILLARS, quai des Augustins, 55.